智能制造系列教材

智能调度

INTELLIGENT SCHEDULING

李新宇　张利平　牟健慧　编著

清华大学出版社
北京

图书在版编目(CIP)数据

智能调度/李新宇,张利平,牟健慧编著.—北京：清华大学出版社,2022.11
智能制造系列教材
ISBN 978-7-302-61854-6

Ⅰ.①智… Ⅱ.①李… ②张… ③牟… Ⅲ.①智能控制—教材 Ⅳ.①TP273

中国版本图书馆 CIP 数据核字(2022)第 174742 号

责任编辑：刘 杨
封面设计：李召霞
责任校对：赵丽敏
责任印制：丛怀宇

出版发行：清华大学出版社
　　　　网　　　址：http://www.tup.com.cn,http://www.wqbook.com
　　　　地　　　址：北京清华大学学研大厦 A 座　　　邮　　　编：100084
　　　　社 总 机：010-83470000　　　　　　　邮　　　购：010-62786544
　　　　投稿与读者服务：010-62776969,c-service@tup.tsinghua.edu.cn
　　　　质量反馈：010-62772015,zhiliang@tup.tsinghua.edu.cn
印 装 者：小森印刷霸州有限公司
经　　销：全国新华书店
开　　本：170mm×240mm　　　印　张：7　　　字　　数：140 千字
版　　次：2022 年 11 月第 1 版　　　印　次：2022 年 11 月第 1 次印刷
定　　价：28.00 元

产品编号：090799-01

智能制造系列教材编审委员会

主任委员

李培根　雒建斌

副主任委员

吴玉厚　吴　波　赵海燕

编审委员会委员（按姓氏首字母排列）

陈雪峰	邓朝晖	董大伟	高　亮
葛文庆	巩亚东	胡继云	黄洪钟
刘德顺	刘志峰	罗学科	史金飞
唐水源	王成勇	轩福贞	尹周平
袁军堂	张　洁	张智海	赵德宏
郑清春	庄红权		

秘书

刘　杨

多年前人们就感叹,人类已进入互联网时代;近些年人们又惊叹,社会步入物联网时代。牛津大学教授舍恩伯格(Viktor Mayer-Schönberger)心目中大数据时代最大的转变,就是放弃对因果关系的渴求,转而关注相关关系。人工智能则像一个幽灵徘徊在各个领域,兴奋、疑惑、不安等情绪分别蔓延在不同的业界人士中间。今天,5G的出现使得作为整个社会神经系统的互联网和物联网更加敏捷,使得宛如社会血液的数据更富有生命力,自然也使得人工智能未来能在某些局部领域扮演超级脑力的作用。于是,人们惊呼数字经济的来临,憧憬智慧城市、智慧社会的到来,人们还想象着虚拟世界与现实世界、数字世界与物理世界的融合。这真是一个令人咋舌的时代!

但如果真以为未来经济就"数字"了,以为传统工业就"夕阳"了,那可以说我们就真正迷失在"数字"里了。人类的生命及其社会活动更多地依赖物质需求,除非未来人类生命形态真的变成"数字生命"了,不用说维系生命的食物之类的物质,就连"互联""数据""智能"等这些满足人类高级需求的功能也得依赖物理装备。所以,人类最基本的活动便是把物质变成有用的东西——制造!无论是互联网、物联网、大数据、人工智能,还是数字经济、数字社会,都应该落脚在制造上,而且制造是其应用的最大领域。

前些年,我国把智能制造作为制造强国战略的主攻方向,即便从世界上看,也是有先见之明的。在强国战略的推动下,少数推行智能制造的企业取得了明显效益,更多企业对智能制造的需求日盛。在这样的背景下,很多学校成立了智能制造等新专业(其中有教育部的推动作用)。尽管一窝蜂地开办智能制造专业未必是一个好现象,但智能制造的相关教材对于高等院校与制造关联的专业(如机械、材料、能源动力、工业工程、计算机、控制、管理……)都是刚性需求,只是侧重点不一。

教育部高等学校机械类专业教学指导委员会(以下简称"教指委")不失时机地发起编著这套智能制造系列教材。在教指委的推动和清华大学出版社的组织下,系列教材编委会认真思考,在2020年新型冠状病毒肺炎疫情正盛之时即视频讨论,其后教材的编写和出版工作有序进行。

本系列教材的基本思想是为智能制造专业以及与制造相关的专业提供有关智能制造的学习教材,当然也可以作为企业相关的工程师和管理人员学习和培训之用。系列教材包括主干教材和模块单元教材,可满足智能制造相关专业的基础课和专业课的需求。

主干课程教材,即《智能制造概论》《智能制造装备基础》《工业互联网基础》《数据技术基础》《制造智能技术基础》,可以使学生或工程师对智能制造有基本的认识。其中,《智能制造概论》教材给读者一个智能制造的概貌,不仅概述智能制造系统的构成,而且还详细介绍智能制造的理念、意识和思维,有利于读者领悟智能制造的真谛。其他几本教材分别论及智能制造系统的"躯干""神经""血液""大脑"。对于智能制造专业的学生而言,应该尽可能必修主干课程。如此配置的主干课程教材应该是此系列教材的特点之一。

特点之二在于配合"微课程"而设计的模块单元教材。智能制造的知识体系极为庞杂,几乎所有的数字-智能技术和制造领域的新技术都和智能制造有关。不仅涉及人工智能、大数据、物联网、5G、VR/AR、机器人、增材制造(3D 打印)等热门技术,而且像区块链、边缘计算、知识工程、数字孪生等前沿技术都有相应的模块单元介绍。这套系列教材中的模块单元差不多成了智能制造的知识百科。学校可以基于模块单元教材开出微课程(1 学分),供学生选修。

特点之三在于模块单元教材可以根据各个学校或者专业的需要拼合成不同的课程教材,列举如下。

♯课程例 1——"智能产品开发"(3 学分),内容选自模块:

➢ 优化设计

➢ 智能工艺设计

➢ 绿色设计

➢ 可重用设计

➢ 多领域物理建模

➢ 知识工程

➢ 群体智能

➢ 工业互联网平台(协同设计,用户体验……)

♯课程例 2——"服务制造"(3 学分),内容选自模块:

➢ 传感与测量技术

➢ 工业物联网

➢ 移动通信

➢ 大数据基础

➢ 工业互联网平台

➢ 智能运维与健康管理

♯课程例 3——"智能车间与工厂"(3 学分),内容选自模块:

➢ 智能工艺设计

➢ 智能装配工艺

➤ 传感与测量技术

➤ 智能数控

➤ 工业机器人

➤ 协作机器人

➤ 智能调度

➤ 制造执行系统(MES)

➤ 制造质量控制

总之,模块单元教材可以组成诸多可能的课程教材,还有如"机器人及智能制造应用""大批量定制生产"等。

此外,编委会还强调应突出知识的节点及其关联,这也是此系列教材的特点。关联不仅体现在某一课程的知识节点之间,也表现在不同课程的知识节点之间。这对于读者掌握知识要点且从整体联系上把握智能制造无疑是非常重要的。

此系列教材的编著者多为中青年教授,教材内容体现了他们对前沿技术的敏感和在一线的研发实践的经验。无论在与部分作者交流讨论的过程中,还是通过对部分文稿的浏览,笔者都感受到他们较好的理论功底和工程能力。感谢他们对这套系列教材的贡献。

衷心感谢机械教指委和清华大学出版社对此系列教材编写工作的组织和指导。感谢庄红权先生和张秋玲女士,他们卓越的组织能力、在教材出版方面的经验、对智能制造的敏锐是这套系列教材得以顺利出版的最重要因素。

希望这套教材在庞大的中国制造业推进智能制造的过程中能够发挥"系列"的作用!

2021 年 1 月

制造业是立国之本,是打造国家竞争能力和竞争优势的主要支撑,历来受到各国政府的高度重视。而新一代人工智能与先进制造深度融合形成的智能制造技术,正在成为新一轮工业革命的核心驱动力。为抢占国际竞争的制高点,在全球产业链和价值链中占据有利位置,世界各国纷纷将智能制造的发展上升为国家战略,全球新一轮工业升级和竞争就此拉开序幕。

近年来,美国、德国、日本等制造强国纷纷提出新的国家制造业发展计划。无论是美国的"工业互联网"、德国的"工业4.0",还是日本的"智能制造系统",都是根据各自国情为本国工业制定的系统性规划。作为世界制造大国,我国也把智能制造作为制造强国战略的主攻方向,于2015年提出了《中国制造2025》,这是全面推进实施制造强国建设的引领性文件,也是中国建设制造强国的第一个十年行动纲领。推进建设制造强国,加快发展先进制造业,促进产业迈向全球价值链中高端,培育若干世界级先进制造业集群,已经成为全国上下的广泛共识。可以预见,随着智能制造在全球范围内的孕育兴起,全球产业分工格局将受到新的洗礼和重塑,中国制造业也将迎来千载难逢的历史性机遇。

无论是开拓智能制造领域的科技创新,还是推动智能制造产业的持续发展,都需要高素质人才作为保障,创新人才是支撑智能制造技术发展的第一资源。高等工程教育如何在这场技术变革乃至工业革命中履行新的使命和担当,为我国制造企业转型升级培养一大批高素质专门人才,是摆在我们面前的一项重大任务和课题。我们高兴地看到,我国智能制造工程人才培养日益受到高度重视,各高校都纷纷把智能制造工程教育作为制造工程乃至机械工程教育创新发展的突破口,全面更新教育教学观念,深化知识体系和教学内容改革,推动教学方法创新,我国智能制造工程教育正在步入一个新的发展时期。

当今世界正处于以数字化、网络化、智能化为主要特征的第四次工业革命的起点,正面临百年未有之大变局。工程教育需要适应科技、产业和社会快速发展的步伐,需要有新的思维、理解和变革。新一代智能技术的发展和全球产业分工合作的新变化,必将影响几乎所有学科领域的研究工作、技术解决方案和模式创新。人工智能与学科专业的深度融合、跨学科网络以及合作模式的扁平化,甚至可能会消除某些工程领域学科专业的划分。科学、技术、经济和社会文化的深度交融,使人们可以充分使用便捷的软件、工具、设备和系统,彻底改变或颠覆设计、制造、销售、服务和消费方式。因此,工程教育特别是机械工程教育应当更加具有前瞻性、创新性、开放性和多样性,应当更加注重与世界、社会和产业的联系,为服务我国新的"两步走"宏伟愿景作出更大贡献,为实现联合国可持续发展目标发挥关键性引领作用。

需要指出的是,关于智能制造工程人才培养模式和知识体系,社会和学界存在多种看法,许多高校都在进行积极探索,最终的共识将会在改革实践中逐步形成。我们认为,智能制造的主体是制造,赋能是靠智能,要借助数字化、网络化和智能化的力量,通过制造这一载体把物质转化成具有特定形态的产品(或服务),关键在于智能技术与制造技术的深度融合。正如李培根院士在本系列教材总序中所强调的,对于智能制造而言,"无论是互联网、物联网、大数据、人工智能,还是数字经济、数字社会,都应该落脚在制造上"。

经过前期大量的准备工作,经李培根院士倡议,教育部高等学校机械类专业教学指导委员会(以下简称"教指委")课程建设与师资培训工作组联合清华大学出版社,策划和组织了这套面向智能制造工程教育及其他相关领域人才培养的本科教材。由李培根院士和雒建斌院士为主任、部分教指委委员及主干教材主编为委员,组成了智能制造系列教材编审委员会,协同推进系列教材的编写。

考虑到智能制造技术的特点、学科专业特色以及不同类别高校的培养需求,本套教材开创性地构建了一个"柔性"培养框架:在顶层架构上,采用"主干课教材+专业模块教材"的方式,既强调了智能制造工程人才培养必须掌握的核心内容(以主干课教材的形式呈现),又给不同高校最大程度的灵活选用空间(不同模块教材可以组合);在内容安排上,注重培养学生有关智能制造的理念、能力和思维方式,不局限于技术细节的讲述和理论知识推导;在出版形式上,采用"纸质内容+数字内容"相融合的方式,"数字内容"通过纸质图书中镶嵌的二维码予以链接,扩充和强化同纸质图书中的内容呼应,给读者提供更多的知识和选择。同时,在教指委课程建设与师资培训工作组的指导下,开展了新工科研究与实践项目的具体实施,梳理了智能制造方向的知识体系和课程设计,作为整套系列教材规划设计的基础,供相关院校参考使用。

这套教材凝聚了李培根院士、雒建斌院士以及所有作者的心血和智慧,是我国智能制造工程本科教育知识体系的一次系统梳理和全面总结,我谨代表教育部机械类专业教学指导委员会向他们致以崇高的敬意!

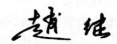

2021 年 3 月

前言

PREFACE

　　智能调度是智能制造的重要使能技术,国家"十四五智能制造发展规划"将其列为关键核心技术之一。调度广泛存在于制造业的各种实际生产场景。优异的调度方案能够在原有生产条件不变的情况下,有效地提高生产效率,创造更多的经济价值。随着人工智能技术的飞速发展和多学科知识的深度交叉融合,产生了大量新型智能优化方法,为调度问题的研究和求解提供了新的思路。

　　调度研究起源于 20 世纪 50 年代,研究人员起初采用以运筹学方法为主的精确方法进行求解。20 世纪 70 年代,对该问题的研究重点转移到调度问题的复杂度分析方面,并以此为基础提出求解方法。20 世纪 80 年代,随着计算机技术的广泛应用和学科间的交叉融合,研究人员开发出可用于实际应用的调度系统。进入21 世纪,智能优化算法能在可接受的时间内求得问题的近优解,而被广泛应用于求解各类车间调度问题。发展至今,研究人员已经提出了多种高效的智能优化算法。调度领域如今取得的成果和进步,离不开工业工程、计算机科学、运筹学、应用数学、机械工程等诸多领域专家学者的共同努力。

　　本书基于当前智能调度领域研究成果,主要论述了车间调度问题及其智能优化算法。第 1 章概述了调度问题的研究现状。后续章节按照车间类型展开,分别对单机调度问题、并行机调度问题、开放车间调度问题、流水车间调度问题及作业车间调度问题的模型和原理进行介绍,同时介绍了求解各类问题的典型智能优化算法。

　　本书是清华大学出版社出版的智能制造系列教材的组成部分,可作为高等院校工业工程类、智能制造类、管理类、机械类等相关专业本科生或研究生的教材或教学参考书,也可供调度领域的相关研究人员参考。

　　李新宇编写第 1、4、6、7 章;张利平编写第 2、5 章;牟健慧编写第 3 章。最后由李新宇统稿。

　　感谢清华大学出版社的各位编辑为本书的出版所付出的宝贵时间和精力。在收集资料等方面,华中科技大学王思涵等做了大量的工作,在此向他们表示感谢。

　　由于我们水平及经验有限,书中难免有不足和疏漏之处,敬请广大读者批评指正。

作　者

2022 年 6 月

目录

CONTENTS

第1章

绪论

智能调度是智能制造的共性关键核心技术之一,具有十分重要的研究意义和价值。

1.1　调度的作用与意义

调度是一个复杂的决策过程,它通过将一段时间内的特定资源分配给特定任务,以期实现一个或多个目标的优化。资源的形式多种多样。对于制造业而言,资源主要是指生产资源,可表现为车间里的机器,加工所用的模具、刀具等;对于服务业而言,资源可以表现为机场的跑道、建筑场所中的施工单位、地产开发过程中的土地资源、医院内的手术室等。任务的形式同样种类繁多,可以是工厂内的一个加工操作、飞机的起飞和到达、建筑工地内的一个项目、某位患者的一台手术等。优化目标包含多种形式,如最小化最后一个任务的完成时间、最小化成本、最小化任务拖期等。

什么是
调度

随着信息时代的不断发展,调度在大多数制造业、服务业及存在信息处理需求的行业中扮演着愈发重要的角色。

以汽车流水生产线为例,世界上第一条大规模汽车流水生产线由美国福特汽车公司于 1913 年推出,通过对装配过程进行合理分工,极大地提升了工厂生产效率。整个汽车生产流程由最初的传统“全能型员工”流程转变为采用传送带供应的流水线生产模式,使一台 T 型福特汽车的组装耗时缩短了一半,开创了新的、高效的汽车制造流程,推动福特汽车公司获得了重大成功。时至今日,丰田汽车依靠以成本控制为核心、计划管控为手段、消除一切无效劳动和浪费为目标的精益生产模式,在全球汽车市场的利润率仅为 3%～6%时,丰田汽车 2019 年的利润率仍然保持在 9.2%。

调度对于流程工业的发展和进步同样具有重要意义。石油化工是典型的流程工业,其生产设备众多,如何在既定生产计划下,根据物料平衡和实时的物料性质制定生产资源调配时间序列和设备操作条件是企业稳定生产和实现效益最大化的必要条件。

经过数十年的发展,我国已成为世界上门类最齐全、规模最大的制造业大国,但普遍存在生产效率低、能耗及物耗高、安全环保问题突出等现象。其核心原因之一是缺乏实现生产工艺优化和全流程整体运行优化的高效调度方法。此外,我国的《中国制造 2025》同样强调了制造业在国民经济中的主体地位,将智能制造作为主攻方向。

1.1.1　制造业中的调度[1]

制造业是国民经济的主体,是立国之本、兴国之器、强国之基。制造业是指利用某种资源(含物料、能源、设备、设施、工具、资金、技术、信息和人力等),按照市场要求,通过制造过程,转化为可供人们使用和利用的工具、工业品与生活消费产品的行业。合理的调度方案能够有效提高制造业的生产效率,实现资源利用的最大化。我国为了制造业的转型升级曾花费数十亿美元引进和开发了制造资源计划(MRPⅡ)、企业资源规划(ERP)等软件,但绝大多数没有得到很好的应用,主要原因之一是"生产作业计划"这一技术瓶颈没有得到突破。车间内的生产计划和调度方案仍采用传统的经验和人工方法,导致工业软件的使用与企业加工现状出现断层。因此,智能调度技术不仅要在错综复杂的约束条件中找到可行方案,还要在难以计数的可行方案中找到满足优化目标的较优生产作业计划,从而提高企业的生产效益。制造系统中的信息流如图 1-1 所示。

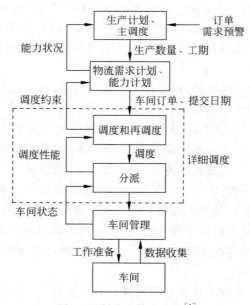

图 1-1　制造业信息流图[1]

1.1.2　服务业中的调度[1]

服务业包括交通、信息、医疗、餐饮、银行等多个行业。作为第三产业,服务业具有覆盖面广、内容综合性高、分散性大等特点,更加需要智能调度技术对场地、资源、人员等进行统一协调与管理。服务业中的调度主要集中于各服务行业中的排班、排队等问题,其目标是追求效率最高、顾客满意度最大化等。图 1-2 展现了服务业中的信息流。

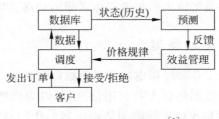

图 1-2　服务业信息流图[1]

经过 70 多年的发展,我国工业成功实现了由小到大、由弱到强的历史性跨越,使我国由一个贫穷落后的农业国成长为世界第一工业制造大国。从 21 世纪初开始,我国正在逐步由制造大国向制造强国转变。在调度及相关学科的支持下,制造业基本完成了现代化转型升级,正在向着数字化、网络化、智能化的目标不断前进。在未来,智能调度仍将在制造业和服务业等领域发挥着积极的作用,激发行业的创新驱动力,推动我国快速发展为制造强国。

1.2　调度的发展趋势

市场需求和科技进步会催生新的生产方式,而新的生产方式又会影响制造系统的功能特征和生产组织模式。用户对产品的多样化、个性化需求使得生产方式已由传统的大批量生产向大规模个性化定制生产发展。目前,工业 4.0 正给生产技术和生产组织模式带来变革和创新,一些先进的计算机与通信技术(如物联网、云计算、大数据、边缘计算等)的突破使得制造业变得更加柔性、高效和智能[2]。精益生产、敏捷制造、可重构制造、云制造、智能制造等先进生产模式得到了飞速发展与推广[3]。有效的调度是生产环节中的一个关键问题,它可以减少相应任务的处理时间,提高资源利用率,从而实现企业利润的最大化[4]。在市场需求和新技术驱动下,生产模式不断发生变化,与之适配的调度模式也必然发生相应的变化。未来调度技术将朝着自适应、自组织调度,大数据驱动调度,协同调度(供应链协同调度、云边协同调度、人机协同调度)及基于数字孪生的调度等方向发展[5]。

1.2.1 自适应、自组织调度

随着信息与通信技术的进步,工业生产逐步由集中式控制向分散式控制转变[6,7]。分散式控制提高了生产系统的柔性和敏捷性,生产系统中的每个资源具有感知、分析、推理、沟通和执行的能力。在自适应、自组织调度中,把整个分散式控制生产系统看作一个多智能体系统,每个资源就是其中的一个智能体,它可以根据部分信息和局部目标做出决策。目前,为了获得一个全局目标较优的调度方案,常用基于拍卖机制的协商策略来平衡智能体之间的局部目标冲突[8]。

1.2.2 大数据驱动调度

物联网技术在现代工业的应用增加了工业数据的数量,加快了其更新速度,生产过程中收集到的实时数据包含大量有用信息,可以为后期调度方案的制定提供有益帮助[9]。这使得数据挖掘在智能制造中所起的作用越来越重要,大数据分析逐渐成为优化生产系统管理的关键技术和主要方法[10]。2020年,中国工程院发布的《全球工程前沿2020》将"基于大数据的智能制造系统生产调度技术"遴选为机械与运载工程领域排名前10的工程开发前沿之一。在大数据驱动调度中,往往先基于历史数据,不断产生新的离线挖掘调度算法,再用这些算法更新算法库,最后根据生产系统的实时数据为用户推荐最佳调度方法[11]。

1.2.3 协同调度

(1)供应链协同调度。在产品同质化问题突出的时代,市场竞争日趋激烈,用户对产品的多样化、个性化需求也在不断增加。然而由于设备、原材料和劳动力成本的激增及供应链各环节信息的不对称,传统供应链管理面临着高成本、长周期、低质量和高风险的挑战。物联网、区块链等技术的发展加速了供应链各环节(涵盖供应、生产、销售等环节)的信息数字化、共享化进程,为供应链协同调度技术的实现提供了技术支撑和保证[12]。供应链协同调度在供应链精益化、绿色化、全球化、智能化过程中起着至关重要的作用[13]。

(2)云边协同调度。物联网技术的进步给分布式制造企业带来了全新的挑战,如更低的延迟要求、不间断的服务需求和可靠的安全保障等[14]。当前的难点在于决策中心位于云端,调度系统和制造资源之间的远程连接会带来延时和不安全因素。虽然以边缘计算为代表的新兴技术手段在一定程度上提高了工厂(边缘端)的调度水平,但受限于边缘端的资源规模和计算能力,调度结果的质量不高[15]。为了提高个性化市场需求背景下生产系统的响应速度和全局优化能力,云边协同调度的研究显得十分必要。

(3)人机协同调度。智能制造系统是一个集人、信息和物理为一体的生产系统,其不确定性和复杂程度非常高,传统的调度方法难以实现即时响应[16]。新一代人工智能技术的发展,使人机之间的智能协作成为现实,机器可以根据自身的感知、分析为生产系统的调度运营提供建议[17]。未来,人与智能机器在物理、信息、决策等多个方面的互动会越来越频繁,人机协同调度的应用前景非常广阔。

1.2.4　基于数字孪生的调度

什么是数字孪生? 有哪些关键技术? 现在怎么样了?

在现实生产场景中,一些动态事件和扰动时常发生,现有的动态调度方法的响应速度和稳定性已无法满足智能车间的鲁棒性需求[18]。基于数字孪生的调度技术在新一代信息技术和制造技术驱动下,通过物理车间与虚拟车间的双向映射与实时交互,形成了真实与虚拟共生的协同优化网络。物理车间主动感知当前的生产状况;虚拟车间通过自组织、自学习、自模拟等方式进行生产状态分析、调度方案调整和决策评估。通过这种方式,可以立即锁定异常范围,并在短时间内提出合理高效的应对措施[19]。基于数字孪生的调度将很快成为调度领域中一个新的研究热点。

1.3　习题

1. 试举例说明生活中遇到的调度应用场景。
2. 简述制造业中调度技术的应用。
3. 简述服务业中调度技术的应用。
4. 简述未来调度技术的发展趋势。

参考文献

[1]　PINEDO M. 调度:原理算法和系统[M]. 张智海,译. 北京:清华大学出版社,2007.

[2]　ROSSIT D A,TOHME F,FRUTOS M. Industry 4.0:Smart scheduling[J]. International Journal of Production Research,2019,57(12):3802-3813.

[3]　ESMAELIAN B,BEHDAD S,WANG B. The evolution and future of manufacturing: a review[J]. Journal of Manufacturing Systems,2016,39:79-100.

[4]　潘全科,高亮,李新宇. 流水车间调度及其优化算法[M]. 武汉:华中科技大学出版社,2013.

[5]　JIANG Z Q,YUAN S,MA J,et al. The evolution of production scheduling from Industry 3.0 through Industry 4.0[J]. International Journal of Production Research,2021,43:1-21.

[6]　DOLGUI A,IVANOV D,SETHI S P,et al. Scheduling in production,supply chain and Industry 4.0 Systems by optimal control:fundamentals,state-of-the-art and applications[J]. International Journal of Production Research,2019,57:411-432.

[7]　MLADINEO M,CELAR S,CELENT L,et al. Selecting manufacturing partners in push and

pull-type smart collaborative networks[J]. Advanced Engineering Informatics,2018,38: 291-305.

[8] LANG F,FINK A,BRANDT T. Design of automated negotiation mechanisms for decentralized heterogeneous machine scheduling [J]. European Journal of Operational Research,2016,248(1): 192-203.

[9] ROSSIT D A,TOHME F,FRUTOS M. A data-driven scheduling approach to smart manufacturing[J]. Journal of Industrial Information Integration,2019,15: 69-79.

[10] DIAS L S,LERAPETRITOU M G. Data-driven feasibility analysis for the integration of planning and scheduling problems [J]. Optimization and Engineering, 2019, 20 (4): 1029-1066.

[11] KONG W,QIAO F,WU Q. Real-manufacturing-oriented big data analysis and data value evaluation with domain knowledge[J]. Computational Statistics,2020,35(2): 515-538.

[12] DOLGUI A,IVANOV D,POTRYASAEV S,et al. Blockchain-oriented dynamic modelling of smart contract design and execution in the supply chain[J]. International Journal of Production Research,2020,58(7): 2184-2199.

[13] IVANOV D,DOLGUI A. A digital supply chain twin for managing the disruption risks and resilience in the Era of Industry 4. 0[J]. Production Planning & Control,2020,24: 1-14.

[14] CHIANG M,ZHANG T. Fog and IoT: an overview of research opportunities[J]. IEEE Internet of Things Journal,2016,3(6): 854-864.

[15] JIANG Z,JIN Y,E M,et al. Distributed dynamic scheduling for cyber-physical production systems based on a multi-agent system[J]. IEEE Access,2017,6: 1855-1869.

[16] ZHOU J,YAO X,LIN Y,et al. An adaptive multi-population differential artificial bee colony algorithm for many-objective service composition in cloud manufacturing [J]. Information Sciences,2018,456: 50-82.

[17] RAESSA M,CHEN J C Y,WAN W,et al. Human-in-the-loop robotic manipulation planning for collaborative assembly[J]. IEEE Transactions on Automation Science and Engineering,2020,17(4): 1800-1813.

[18] TAO F,ZHANG H,LIU A,et al. Digital twin in industry: state-of-the-art[J]. IEEE Transactions on Industrial Informatics,2018,15(4): 2405-2015.

[19] AGOSTINO I R S,BRODA E,FRAZZON E M,et al. Using a digital twin for production planning and control in Industry 4. 0[C]//In: Scheduling in Industry 4. 0 and Cloud Manufacturing. Cham: Springer,2020: 39-60.

第 2 章

调度问题的理论基础

1954 年，Johnson 研究了两台机器同序加工型的流水车间调度问题，由此拉开了调度理论研究的序幕。众多学者对调度问题的分类、表示法、模型和求解方法进行了大量深入的研究，并取得令人瞩目的成果。

2.1 调度问题的现状

1954 年，Johnson 最早研究了两台机器同序加工型的流水车间调度问题，代表经典调度理论研究的开始。1955 年，Jackson 研究了最小化延期的单机调度问题，并给出了最早的 EDD 规则算法(earliest due data priority rule)解决该问题。1956 年，Smith 同样研究了单机调度问题，目标是最小化总完工时间之和。1959 年，McNaughton 研究了同类并行机问题。20 世纪 50 年代末期，该方面的研究成果主要针对一些特殊情况和规模较小的单机和简单的流水车间问题提出了一些解析优化方法，研究范围较窄。1963 年，Muth 和 Thompson 提出了实际问题的解决方法，并讨论了优先调度规则、整数规划、蒙特卡洛模拟、随机分析、学习算法和枚举算法等。同时期，Conway 编著了一本具有重要影响力的书——*Theory of Scheduling*[1]，该书主要关注确定型机器调度理论和排队理论，并尝试给出了简短的符号说明，例如具备 n 个工件、m 台设备、最小化平均完工时间的流水车间调度记作 $n|m|F|F$。其中的表示法直到 20 世纪 70 年代才被三参数表示法代替。

20 世纪 60 年代，随着问题规模的不断拓展，研究人员开始采用整数规划、动态规划和分枝定界等运筹学的经典方法来解决调度问题。60 年代中期，分枝定界首次应用于调度问题，如 Lomnicki、Ignall 等提出分枝定界算法求解三阶段流水车间调度问题。随后，Nabeshima 和 Potts 提出了基于机器定界求解简单的流水车间调度问题。同样，针对带权重拖期的单机调度问题，大多数分枝定界算法采用后向排序分枝规则进行求解。但对于复杂的作业车间调度问题，工件的单一序列不再适用，Roy 和 Sussman 于 1964 年提出采用析取图模型进行研究，并将析取弧作为分枝规则。同时期，有人尝试用启发式算法进行研究，如 Giffler、Gavett 和 Gere

都曾提出过不同的优先调度规则。1974 年,Baker 在其编著的 *Introduction to Sequencing and Scheduling*[2]一书中概述了此时期的调度理论和发展,其影响深远。至此,调度理论的基本框架初步形成。

20 世纪 70 年代,随着调度规模的增加,问题可行解的数量呈指数级增加[3]。如单纯考虑加工周期最短的车间调度问题,10 个工件在 10 台机器上加工时,可行的半活动解数量大约为 $k(10!)^{10}$,其中 k 为可行解比例,其值在 $0.05\sim0.1$ 之间。学者开始对算法复杂性进行深入研究,多数调度问题被证明属于 NP 完全问题和 NP-Hard 问题。与此同时,特定单机调度问题被证明是 NP-Hard 问题,相似的并行机调度问题、流水车间调度问题等也是 NP-Hard 问题。1979 年,Graham 等综述了当时的调度发展,并明确肯定了调度分类的价值和三参数表示法[5]。值得注意的是,开放车间调度问题也开始得到学者的关注。至此,经典调度理论趋向成熟。1975 年,中国科学院研究员越民义、韩继业在《中国科学》上发表了论文《n 个零件在 m 台机床上的加工顺序问题》[5],从此拉开了我国调度理论研究的序幕。

20 世纪 80 年代以后,随着计算机技术、生命科学和工程科学等学科的相互交叉和融合,许多跨学科的方法被应用到调度研究中。20 世纪 90 年代初是最优化技术最繁荣的时期,这一时期涌现出大量的新方法,如约束满足技术、神经网络技术、模拟退火、禁忌搜索、遗传算法等[6]。20 世纪 90 年代以后,约束传播、粒子群优化和蚁群算法等新算法不断出现。目前,这些算法还在不断改进和发展,使得它们在求解特殊的调度问题或者一般的调度问题时更加实用和高效[6]。进入 21 世纪,深度学习、强化学习等[7]机器学习算法使得调度方法更加智能化,具有从数据中获取潜在调度规则和知识的能力,成为当前智能调度的研究热点之一。

纵观目前国内外的研究成果,从总体趋势上看,经典调度理论依然是调度研究不可动摇的基石,但实际生产中的调度问题要比经典调度问题复杂得多。从 20 世纪 80 年代开始,如何将丰富的调度研究成果应用于实际的调度问题成为人们普遍关心的问题。这也促使更多的研究人员寻找更有效的方法来解决这一难题。尤其是进入 21 世纪以来,智能制造装备技术的不断进步使传感器、存储设备等[8]广泛应用于智能车间,数据驱动、知识驱动、实时调度等[9,10]更贴近智能车间需求的调度问题得到重视,如何快速实时响应车间生产,保证车间生产稳定高效成为当前研究的热点和难点。

2.2　调度问题的分类与三参数表示方法

车间调度问题一般可以描述为: n 个工件在 m 台机器上加工。一个工件分为 k 道工序,每道工序可以在若干台机器上加工,并且必须按一些可行的工艺次序进行加工;每台机器可以加工工件的若干道工序,并且在不同的机器上加工的工序集可以不同。调度的目标是将工件合理地安排到各机器,并合理地安排工件的加工次序和加工的开始时间,在满足约束条件的基础上优化一些性能指标。在实际制造系统中,还要考虑刀具、托盘和物料搬运系统的调度问题。调度问题中常见的加工参数包括:

(1) 加工时间(p_{ij})。p_{ij} 表示工件 j 在机器 i 上的加工时间。如果工件 j 的加工时间独立于机器或者工件只在一台给定的机器上进行加工,则省略下标 i。

(2) 提交日期(r_j)。工件 j 的提交日期 r_j 也可以称为准备日期,是指工件到达系统的时间(工件 j 可以开始加工的最早时间)。

(3) 交货期(d_j)。工件 j 的交货期 d_j 是指承诺的发运或完成时间(承诺将工件交给顾客的日期)。允许在交货期之后完成一项工作,但那样会受到惩罚。如果交货期必须满足,则称为最后期限,表示为 $\bar{d}_j$。

(4) 权重(ω_j)。工件 j 的权重 ω_j 是一个优先性因素,表示工件 j 相对于系统内其他工件的重要性。例如,这个权重可能表示保留这项工作在系统中的实际费用,这个费用可能是持有或库存成本,也可能表示已经附加在工件上的价值。

Graham 等[4]提出用三参数($\alpha|\beta|\gamma$)法表征经典的调度问题。其中 α 表示机器的环境,只有单一输入;β 描述了工件特征和调度约束,可以是多输入或无输入;γ 是目标函数,通常是单输入,如果有多个,则表示该问题是多目标优化问题。

参数 α 表示的机器环境可能包括:

(1) 单机(1),即在生产调度系统中只有一台机器。这是其他复杂机器环境的一种特例。

(2) 并行一致机(P_m),即 m 台并行的相同机器。如果后续章节忽略了 m,则意味着机器的数量是任意的,例如,机器数量被指定为输入参数。每个工件 j 的单一工序可能在 m 台机器中的任意一台上加工。

(3) 同类机(Q_m),即 m 台不同速度的并行机器。机器 i 的速度为 v_i,工件 j 在机器 i 上的加工时间 $p_{ij} = p_j / v_i$,假定工件 j 只在机器 i 上加工。

(4) 非相关并行机(R_m),即 m 台并行机器,但每台机器以不同的速度加工工件。机器 i 以速度 v_{ij} 加工工件 p_j,工件 j 在机器 i 上的加工时间为 p_j / v_{ij},假定工件 j 只在机器 i 上加工。

(5) 作业车间(J_m),即有 m 台机器,每个工件有预定的工艺路径,它可能在一台机器上重复多次,也可能不在某台机器上加工。

(6) 流水车间(F_m),即有 m 台机器,机器线性排序,所有的工件工艺路径相同,均从第一台机器到最后一台机器。

(7) 柔性流水车间(FF_c),即柔性流水车间是流水车间和并行机的一般化,指一个序列共有 c 个阶段,每个阶段包含一定数量的并行机。每个工件的加工顺序始终为阶段 1、阶段 2、阶段 3 等。

（8）柔性作业车间（FJ_c），即作业车间和并行机器的一般化，有 c 个工作中心，每个工作中心包含一定数量的并行机器。每个工件具有独立的加工路径，每个工件在每个工作中心只能且仅能在一台机器上加工。

（9）开放车间（O_m），即有 m 台机器，每个工件需要在每台机器上仅且加工一次，但是加工顺序任意。

参数 β 的多个输入可能为：

（1）抢占（pmtn），即工件允许被抢占，抢占后可以在其他机器上继续加工。如果抢占允许，那么 pmtn 放进 β，否则不写。

（2）无等待（nwt），即针对流水车间的约束。工件不允许在两台连续的机器间等待。如果机器之间不允许等待，则 nwt 写进 β 域，否则不写。

（3）顺序决定的准备时间（s_{jk}）[11]。s_{jk} 代表工件 j 和工件 k 之间由加工顺序决定的准备时间。如果工件 k 是第 1 个，则 s_{0k} 表示工件 k 的准备时间；如果工件 j 是最后一个，则 s_{j0} 表示加工工件 j 之后的清理时间（当然，s_{0k} 和 s_{j0} 可能是零）。如果工件 j 和工件 k 之间的准备时间依赖于机器，那么将包含下标 i（即 s_{jki}）。如果 β 域中没有出现 s_{jk}，所有的准备时间假设为零或者与顺序无关，在这种情况下，它们包含在加工时间中。

（4）中断（prmp）[12]，即意味着不必将一项工作在其加工完成之前一直保留在机器上。它允许调度者在任何时间中断一项工作的加工，而把另一项工作放到该机器上，则一项中断的工作已经进行的加工不会丢失。当一项中断的工作重新返回机器上时，只需要加工完剩下的工作即可。当允许中断时，prmp 包含在 β 域中；当 prmp 不在 β 域中时，不允许中断。

（5）优先约束（prec），即工件的调度约束，也就是说某些工件必须在特定的工件完成之后才能开始。优先关系 prec 的通用方式可表达为一个有向非循环图，其中顶点表示工件，如果 i 到 j 有弧则表示工件 i 是工件 j 的前序。如果工件最多一个前序和一个后序，约束被认为是链；如果每个工件最多一个后序，约束被认定是 intree；如果每个工件最多一个前序，约束被认定为 outree。如果 prec 没在 β 参数中标出，则认为工件不受优先关系约束。

（6）工件数量限制（nbr），即若 nbr 出现，则工件数量有限制，如 nbr＝5，意味着最多 5 个工件被加工。如果 nbr 没出现，则意味着工件数量不受限制，且认为是输入参数 n。

（7）工件的工序数量受限（n_j），该参数仅在作业车间出现，即这个参数出现，表明工件的工序数量受限。例如 $n_j＝4$，意味着每个工件最多 4 道工序。如果这个参数没有出现，则工件的工序数量不受限制。

（8）加工时间受限（p_j），即该符号出现，则加工时间受限。例如 $p_j＝p$，意味着每个工件的加工时间是 p 单位时间，如果该符号没有出现，则加工时间不受限制。

(9) 交货期 (d_j)，即该符号出现，每个工件 j 必须在交货期 d_j 前完工，否则工件不受交货期的影响。

参数 γ 为目标函数，详见 2.3 节。

2.3 调度问题的常用目标函数

目标函数的形式多种多样，是三参数表示法中的参数 γ，其大体可分为以下几类[6,13]：

(1) 基于加工完成时间的性能指标，如 $C_{\max}$（最大完工时间）、$\bar{C}$（平均完工时间）、$\bar{F}$（平均流程时间）、$F_{\max}$（最大流程时间）等。

(2) 基于交货期的性能指标，如 $\bar{L}$（平均延迟完成时间）、$L_{\max}$（最大延迟完成时间）、$T_{\max}$ 最大拖期时间、$\sum_{i=1}^{n} T_i$（总拖期时间）、n_T 拖期工件个数等。

(3) 基于库存的性能指标，如 $\bar{N}_w$（平均待加工工件数）、$\bar{N}_c$（平均已完工工件数）、$\bar{I}$（平均机器空闲时间）、$\sum \omega_j C_j$（带权重的完工时间）、$\sum \omega_j (1 - e^{-rC_j})$（带折扣权重的完工时间）等。

(4) 多目标综合性能指标，如最大完工时间和总拖期时间的总和，即 $C \sum_{i=1}^{n} T_{i,\max}$，$E/T$ 调度问题，即 $\sum \alpha_i E_i + \beta_i T_i$，其中 α_i 和 β_i 为权重。

如果目标函数是完工时间的非减函数，则称为正则性能指标，如 $C_{\max}$、$\bar{C}$、$\bar{F}$、$F_{\max}$、$\bar{L}$、$L_{\max}$、$T_{\max}$、n_T 等，否则称为非正则性能指标，如提前/拖期惩罚代价最小 $E_j = \max(d_j - C_j, 0)$。

此外，制造系统的调度问题还随着实际生产的发展而不断更新，以进一步贴近现实生产，如能耗、排放等碳达峰、碳中和类指标是当前的研究热点。

三参数 $\alpha|\beta|\gamma$ 从机器的环境、工件特征和调度约束、目标函数三个角度描述了调度问题特性，具体举例如下：

例 2.1 单机环境。

$1|r_j, \text{prmp}|\sum \omega_j C_j$ 表示 j 个工件按照释放期 r_j 进入单机系统，中断是允许的，目标函数是最小化带权重的完工时间。

例 2.2 流水车间。

$F_m|p_{ij} = p_j|\sum \omega_j C_j$ 表示带 m 台机器的对称流水车间，工件 j 在所有同类机器上的加工时间是 p_j，目标函数最小化带权重的完工时间。

例 2.3 作业车间。

$J_m \| C_{\max}$ 表示带 m 台机器的作业车间，每个工件在一台机器上最多加工一

次,目标函数是最小化最大完工时间。

2.4   调度问题的基本类型

原则上,任何调度问题的可行解数量是无限的,因为在每个工件或每台机器的任意两道连续工序之间可以插入适当的闲置时间。在不考虑任何两道连续工序存在闲置时间的情况下,调度问题可以分为三种类型,它们的定义如下:

无延迟调度(non-delay schedule),当至少存在一个工件等待加工时,则不存在处于空闲的机器。

例 2.4   考虑实例 $P2 \mid prec \mid C_{max}$,10 个工件 2 台机器,其加工时间和优先关系见表 2-1,无延迟调度方案如图 2-1 所示。

表 2-1   加工时间与优先关系

工件编号	加工时间/min	紧前工序	工件编号	加工时间/min	紧前工序
1	8	—	6	2	4
2	7	1	7	2	6
3	7	1	8	8	5,7
4	2	—	9	8	5,7
5	3	4	10	15	2,3

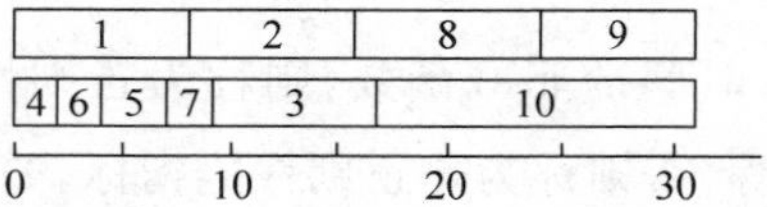

图 2-1   无延迟调度方案甘特图

活动调度(an active schedule)[14],在不推迟其他操作或破坏优先顺序的条件下,其中没有操作可以提前。

半活动调度(a semi-active schedule)[14],在不改变机器的加工顺序的条件下,其中没有操作可以提前。

为了更清晰地解释活动调度、半活动调度,考虑 2 个工件 2 台机器的作业车间调度问题,工件 1 和工件 2 的加工顺序均为机器 M_2 加工后 M_1 再加工。工件 $J_{1,1}$ 和工件 $J_{1,2}$ 的加工时间为 2min 和 3min,工件 $J_{2,1}$ 和工件 $J_{2,2}$ 的加工时间为 4min 和 2min。其中图 2-2(a)是半活动调度,若不改变机器上的工序顺序,则没有工序可以提前。图 2-2(b)是活动调度,它在不推迟其他工序或破坏优先顺序的前提下,没有工序可以提前。

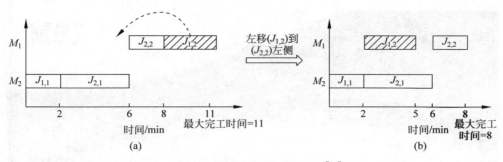

图 2-2　活动调度与半活动调度[14]
（a）半活动调度；（b）活动调度

2.5　常用的调度方法

调度问题是极其困难的组合优化问题，属于典型的 NP-Hard 问题。调度模型从简单到复杂，研究方法也随着调度模型的变迁从开始的数学方法、启发式方法到智能优化方法。解决调度问题的常用方法主要分为两大类：精确算法和近似算法。精确算法主要包括数学规划方法、拉格朗日松弛法、分解方法及分枝定界法等。近似算法包括启发式方法和智能优化方法。因精确算法求解调度问题时存在维数灾难、多项式时间内无法获得最优解等难题，所以近似方法成为一种有效的选择，该方法能在较为合理的时间内获得可接受的满意解，是目前求解大规模、不确定等调度问题的优选方法。

2.5.1　数学规划方法与求解器

CPLEX
介绍

典型调度问题的数学规划模型属于混合整数线性规划（mixed-integer linear programming，MILP）模型。针对一般小规模调度模型，数学规划方法（包括分枝定界法、分枝切割法、割平面法等）能够在多项式时间内获得问题下界。但随着问题规模的增大、调度约束的复杂化，调度问题的数学规划模型求解难度也随之增大，上述精确算法很难在有效的计算时间内给出较为满意的解。事实上，通过合理优化上述精确算法，数学优化求解器能够高效求解数学规划模型，是当前求解混合整数规划模型的主流方法。常用的优化求解器包括 IBM CPLEX、GUROBI、MOSEK 等。

CPLEX 求解器由美国 IBM 公司于 1988 年发布，求解速度一直是目前所有商用求解器中的佼佼者。IBM CPLEX 的算法引擎包括对偶单纯形法、网络优化求解算法、闸算法、筛选算法等，能够求解线性规划、二次规划、带约束的二次规划、二阶锥规划及相应的混合整数规划问题。CPLEX 自身包含一套 OPL 语言，同时也支持 Java、Python、C++ 等语言的调用，其用户界面如图 2-3 所示。CPLEX 凭借其

图 2-3　CPLEX 用户界面

强大的计算能力和语言通用性,广泛应用于物流平台管理、库存优化、运输路径规划、工艺规划、车间调度等领域。图 2-4 给出了流水车间调度问题的求解示例。

　　相比于 CPLEX 而言,GUROBI 求解器发展较晚,但是其求解速度不输于任何其他求解器(见图 2-5),被认为是目前最快的数学规划优化器之一,能够对线性问题、二次型目标问题、混合整数线性和二次型问题进行求解。同样,GUROBI 支持其他编程语言的调用,包括 Python、Java、R、NET、C、C++ 和 MATLAB 等,广泛应用于工程领域。

　　国内求解器的发展较晚,中国科学院数学科学与系统研究院于 2018 年 3 月发布 CMIP 1.0 版本,为我国第一个具有国际水平的整数规划求解器,其求解效率对比如图 2-6 所示,具备了求解大规模整数规划问题的能力,基础算法内核为广义系数缩紧割平面法,目前在物流道口分布、天然气运输、石油混流优化、库存优化、电力调度、运输路径规划等方面皆有应用。

2.5.2　启发式方法

　　启发式方法主要包括调度规则和基于瓶颈的启发式方法。

```
sched_flowshop2.mod ⊠   sched_flowshop2.dat
 9  // Contract with IBM Corp.
10  // ------------------------------------------------
11
12  using CP;
13
14  {string} ComputerTypes = ...;
15  {string} ActivityTypes = ...;
16  {string} ResourceTypes = ...;
17  int requiredQuantities[ComputerTypes] = ...;
18
19  /* ------------------------------------------------
20   *   An activity consists of an activity type, a
21   * duration, a unary resource requirement, and a list
22   * of precedences.
23   * ------------------------------------------------ */
24  tuple ActivityInfo {
25      key string   activity;
26      int       duration;
27      string    requirement;
28      {string} precedences;
29  };
30  {ActivityInfo} activities[ComputerTypes] = ...;
31
32  tuple ComputerActivityMatch {
33      ActivityInfo activity;
34      string       computerType;
35      int          computer;
36  };
37  // All activities that must get scheduled
38  {ComputerActivityMatch} allActivities = {<a,c,j> | c in ComputerTypes,
39                              a in activities[c],
40                              j in 1..requiredQuantities[c]};
41  // The activities which must precede activity a
42  {ComputerActivityMatch} precedences[a in allActivities] = { b | b in allActivities :
43                              a.computerType == b.computerType &&
44                              a.computer == b.computer &&
45                              b.activity.activity in a.activity.precedences };
46
48  dvar interval activity[a in allActivities] size a.activity.duration;
49
50  dvar sequence resource[r in ResourceTypes] in
51      all(a in allActivities: a.activity.requirement==r) activity[a];
```

图 2-4　流水车间调度问题求解示例

1线程	CBC	CPLEX	GUROBI	SCIPC	SCIPS	XPRESS	MATLAB	SAS
速度比例	39	1.74	1	5.75	7.94	2	72.2	2.9
解决问题数量	53	87	87	83	76	86	32	84
4线程	CBC	CPLEX	FSCIPC	FSCIPS	GUROBI	XPRESS	MIPCL	SAS
速度比例	34.8	1.5	9.9	12.1	1	1.66	7.29	3
解决问题数量	66	86	80	79	87	87	84	85
12线程	CBC	CPLEX	FSCIPC	FSCIPS	GUROBI	XPRESS	MIPCL	SAS
速度比例	27	1.49	9.8	13	1	1.57	6.53	3.39
解决问题数量	69	87	78	76	87	87	82	82
速度比例为1是最快的速度,其他数值为该速度的倍数。								

图 2-5　GUROBI 与其他求解器的速度对比

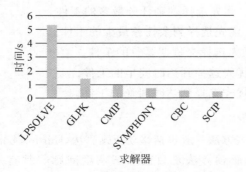

图 2-6　CMIP 与其他开源求解器的求解时间对比

1. 调度规则

调度规则是最早的近似方法。该方法由于计算量小、效率高、实时性好,被广泛应用于复杂工况下的车间调度研究中,它不企图获得多项式时间内的最优解,而是能够在较短时间内获得近优解或者满意解[15]。1974 年,Hollywood 和 Nelson 提出多阶段启发式调度方法。随后,Pierreval 和 Mebarki 也提出一种简单的启发式调度规则。Pajendran 和 Holthaus 提出 3 种新的调度规则,一共采用 13 种调度规则求解作业车间的动态调度问题。Panwalkar 和 Iskander[16]早在 1977 年总结了生产调度问题的 100 多条调度规则。Tay 和 Nguyen 等[17,18]采用遗传规划方法进行了适用于作业车间调度问题的调度规则挖掘。高亮等[19]提出基于遗传表达编程的车间动态调度框架,以实现对车间生产活动的实时和高效调度。一些学者还对目前现有的调度规则进行了对比分析。根据"无免费午餐理论(non free lunch theory)",目前关于这些调度规则的普遍结论是:任何一个调度规则都不能在任何情况下比其他调度规则的性能优越。针对这种现象,一些学者采用仿真方法[20]、神经网络[10]等从候选集中选择合适的调度规则。大量研究表明:对于大规模的车间调度问题,多种调度规则组合起来使用更有优势。另外,该方法具有短视的缺点,如只考虑机器的当前状态和解的质量等级等问题。

调度规则的使用流程描述为:为每个操作分配一个权重,确定每个操作的加工机器和顺序,根据最早可能开始的时间制定调度方案。由于该方法非常容易实现,而且计算复杂性低,在实际的调度问题中常常被使用,当前的高级计划与调度软件(advanced planning and scheduling,APS)均采用该方法。常用的规则有 SPT、LPT、SSO、LSO、SRM、LRM、MWKR、SWKR、EDD、FCFS 和 FCLS 等。

SPT 规则——优先选择具有最短加工时间的操作。

LPT 规则——优先选择具有最长加工时间的操作。

SSO 规则——优先选择具有最少后续操作的工件。

LSO 规则——优先选择具有最多后续操作的工件。

SRM 规则——优先选择具有最短剩余加工时间的工件(不包括当前操作)。

LRM 规则——优先选择具有最长剩余加工时间的工件(不包括当前操作)。

MWKR 规则——优先选择剩余任务最多的工件。

SWKR 规则——优先选择剩余任务最少的工件。

EDD 规则——优先选择交货期紧急的工件。

FCFS 规则——优先选择到达时间早的工件。

FCLS 规则——优先选择到达时间晚的工件。

2. 瓶颈移动算法

基于瓶颈的启发式方法一般包括移动瓶颈算法(shifting bottleneck procedure)和射束搜索算法。移动瓶颈算法是目前求解调度问题非常有效的启发式方法,于 1988 年由 Adams 提出,是第一个解决 FT10(注:FT10 标准测试案例是 Fisher 和

Thompson 提出的经典案例之一,其下界在 25 年后才被发现。)标准测试实例的启发式算法。瓶颈移动方法的主要贡献是提供了一种用单一机器确定机器的排序途径。实际求解时,把问题化为多个单一机器问题,每次解决一个子问题,把每个子问题的解与所有其他子问题的解比较,每个机器依解的好坏排列,有着最大下界的机器被认为是瓶颈机器。而单一机器问题的排序用 Carlier 的方法通过迭代来解决,这个方法可以快速给出一个精度高的近似解。当每次瓶颈机器排序后,每个先前被排定的有改进能力的机器,通过解决单一机器问题的方法,再次被局部重新最优化。虽然瓶颈移动可以得到比调度规则质量更好的解,但计算时间较长,实现起来比较复杂[6]。

2.5.3 智能优化方法

20 世纪 80 年代以来,研究人员通过模拟或揭示某些自然现象、过程和规律而发展的智能优化方法,为解决复杂的调度问题提供了新的思路和手段。这些方法有的是从生物学的机理中受到启发建立的群体智能算法,如遗传算法、粒子群优化算法和蚁群算法等;有的是从物理学、人工智能的思想受到启发,由传统的局部搜索算法扩展而提出的,如禁忌搜索算法、模拟退火算法等。这些算法在调度问题等复杂的组合优化问题中得到了广泛的应用。无论这些方法是怎样产生的,它们都有一个共同的目标:求 NP-Hard 组合优化问题的全局最优解。虽说智能优化方法有诸多优点,但它不能保证得到最优解。一个好的智能优化方法可以使其解尽可能地接近最优解,同时保证较好的稳定性[14]。下面简单介绍几种调度领域中常用的智能优化方法。

1. 遗传算法

遗传算法(genetic algorithm,GA)是通过模仿生物遗传和自然选择的机理,用人工方式构造的一类优化搜索算法,是对生物进化过程进行的一种数学仿真。1975 年,美国密歇根大学的 J. Holland 教授在其著作 *Adaptation in Natural and Artificial Systems* 中首次提出了遗传算法,目前遗传算法被广泛应用于组合优化、预测等领域。遗传算法将问题的求解表示成"染色体"的适者生存过程,即适用性好的"染色体"有更多的繁殖机会;通过"染色体"群的不断进化,包括复制、交叉和变异,最终收敛到最适应的环境个体,从而求得问题的满意解或最优解。遗传算法的 5 个关键要素包括:编码和解码、适应度函数设计、种群初始设计、遗传算子设计(主要包括选择、交叉和变异)和遗传参数设置(种群规模、遗传算子的概率等)。一般遗传算法的步骤如下:

步骤 1 随机产生初始种群,每个个体称为"染色体"。
步骤 2 计算每个个体的适应度值。
步骤 3 采用选择、交叉、变异产生下一代种群。
步骤 4 满足终止条件,输出最优个体,否则跳至步骤 2 继续进行。

2. 粒子群优化算法

粒子群优化算法（particle swarm optimization，PSO）是由 Eberhart 博士和 Kennedy 博士于 1995 年提出的一种基于群智能的全局优化方法，它源于对鸟群觅食的行为研究，已经成功应用于组合优化、系统辨识、预测等领域。在粒子群优化算法中，每个优化问题的解是 d 维搜索空间的一只鸟，称为粒子。每个粒子具有位置和速度 2 个特征，粒子位置坐标对应的目标函数值可作为该粒子的适应度值，速度决定每个粒子在搜索空间飞行的方向和距离。

粒子群优化算法的核心思想是首先初始化种群，迭代优化更新每个粒子的位置 $x_i = (x_{i1}, x_{i2}, \cdots, x_{id})$ 与速度 $v_i = (v_{i1}, v_{i2}, \cdots, v_{id})$，通过适应度值衡量粒子质量的优劣，最后输出最优解。在每次迭代过程中，粒子通过跟踪个体极值 $p_i = (p_{i1}, p_{i2}, \cdots, p_{id})$ 和全局极值 $g_i = (g_{i1}, g_{i2}, \cdots, g_{id})$ 更新自己，个体极值是粒子本身找到的当前最优解，全局极值是整个粒子群目前找到的最优解。每个粒子在找到上述 2 个极值后，通过式(2-1)和式(2-2)更新自己的速度和位置：

$$v_{i+1} = v_i + c_1 \times \mathrm{rand}(\ ) \times (p_i - x_i) + c_2 \times \mathrm{rand}(\ ) \times (g_i - x_i) \quad (2\text{-}1)$$

$$x_{i+1} = x_i + v_{i+1} \quad (2\text{-}2)$$

式中　c_1, c_2——学习因子；

　　　$\mathrm{rand}(\ )$——在区间$[0,1]$上服从均匀分布的随机数。

3. 禁忌搜索算法

禁忌搜索算法（tabu search，TS）由 Glover 和 Hansen 于 1986 年分别提出，此后 Glover 将其发展成为一套完整的算法，它是对人类记忆过程的一种模拟。禁忌搜索算法用一个禁忌表记录下已经达到过的局部最优点，在下一次搜索中利用禁忌表中的信息不再搜索这些点，或通过特赦准则来赦免一些被禁忌的优良状态，以此来跳出局部最优点。禁忌搜索算法的标准流程如下：

步骤 1　产生初始解 S，设为当前解 S^* 和最优解 S^b，设置算法参数，清空禁忌表。

步骤 2　由邻域结构产生当前解 S^* 的邻域解 $N(s^*)$。

步骤 3　选择满足特赦准则或非禁忌的最优邻域解作为当前解 S^*，更新禁忌表。

步骤 4　如果当前解 S^* 优于当前最优解 S^b，$S^b = S^*$，否则跳至步骤 5。

步骤 5　满足终止条件，输出最优解 S^b，否则跳至步骤 2 继续进行。

4. 模拟退火算法

模拟退火算法（simulated annealing，SA）是 Krikpatrick 等于 1983 年受 Metropolis 准则启发提出的一种概率搜索算法。该算法源于对热力学中退火过程的模拟，在某一给定充分高的初温下，通过缓慢冷却温度参数，使算法能够在多项式时间内给出一个近似最优解。目前该算法已广泛应用到组合优化、函数优化等领域。模拟退火算法采用冷却进度表来控制算法的进程,通过控制参数 T 慢慢降温并趋近零,获得优化问题的全局最优解,其在理论上能收敛到全局最优解。模拟退火算法的标准流程如下:

步骤 1　随机产生一个初始解 s,设为当前解 S^* 和当前最优解 S^b,设定初始温度 T(充分大)、迭代次数 L 等算法参数。

步骤 2　产生当前解 S^* 的一个邻域解 S'。

步骤 3　计算当前解与邻域解的增量 $\Delta T = f(s') - f(s^*)$,其中 $f(s)$ 是适应度函数。

步骤 4　若新解 S' 优于当前最优解,则 $S^b = S'$。

步骤 5　若 $\Delta T < 0$,接受新解 S' 作为新的当前解,否则依概率 $\exp(\Delta T/T)$ 接受新解 S' 作为新的当前解。

步骤 6　若满足 Metropolis 准则,则转至步骤 6,否则转至步骤 2。

步骤 7　更新 T 值,且 $T > 0$,满足终止条件,输出最优解 S^b,否则跳至步骤 2继续进行。

Metropolis 准则指以概率来接受新的状态,而不是使用完全确定的规则。

根据 Metropolis 准则,粒子在温度 T 时趋于平衡的概率为 $\exp(-\Delta E/(kT))$,其中 E 为温度 T 时的内能,ΔE 为其改变数,k 为 Boltzmann 常数。Metropolis 准则常表示为:

$$
P = \begin{cases}
1, & E(x_{\text{new}}) < E(x_{\text{old}}) \\
\exp\left(-\dfrac{E(x_{\text{new}}) - E(x_{\text{old}})}{T}\right), & E(x_{\text{new}}) \geqslant E(x_{\text{old}})
\end{cases}
$$

Metropolis 准则表明,在温度为 T 时,出现能量差为 $\mathrm{d}E$ 的降温的概率为 $P(\mathrm{d}E)$,表示为:$P(\mathrm{d}E) = \exp(\mathrm{d}E/(kT))$。其中 k 是一个常数,$\exp$ 表示自然指数,且 $\mathrm{d}E < 0$。所以 P 和 T 正相关。这条公式就表示:温度越高,出现一次能量差为 $\mathrm{d}E$ 的降温的概率就越大;温度越低,则出现降温的概率就越小。又由于 $\mathrm{d}E$总是小于 0(因为退火的过程是温度逐渐下降的过程),因此 $\mathrm{d}E/kT < 0$,所以 $P(\mathrm{d}E)$ 的函数取值范围是 $(0,1)$。随着温度 T 的降低,$P(\mathrm{d}E)$ 会逐渐降低。

2.6　习题

1. 请简述调度理论的发展历程。

2. 请给出 m 台流水车间、目标函数是最大完工时间的三参数表示法。

3. 3 个工件、3 台机器的作业车间调度问题,其加工时间矩阵和机器加工顺序矩阵见下页表:

工　件	O_1	O_2	O_3
J_1	$3(M_1)$	$5(M_2)$	$2(M_3)$
J_2	$4(M_2)$	$6(M_3)$	$3(M_1)$
J_3	$5(M_3)$	$4(M_2)$	$1(M_1)$

若该调度问题的加工序列是 O_{11}—O_{31}—O_{12}—O_{21}—O_{22}—O_{13}—O_{32}—O_{33}—O_{23},请给出该加工序列的活动调度方案和半活动调度方案。

4. 请简述智能优化方法的优、缺点。

参考文献

[1] CONWAY R W,MAXWELL W L,MILLER L W. Theory of scheduling[M]. Addison-Wesley:reading,MA,1967.

[2] BAKER KR. Introduction to sequencing and scheduling[M]. Wiley:New York,1974.

[3] 王凌. 车间调度及其遗传算法[M]. 北京:清华大学出版社,2003.

[4] GRAHAM R L, Lawler E L, Lenstra J K, et al. Optimization and approximation in deterministic sequencing and scheduling:a survey-science direct[J]. Annals of Discrete Mathematics,1979,5:287-326.

[5] 越民义,韩继业. n 个零件在 m 台机器上加工顺序问题(Ⅰ)[J]. 中国科学,1975,5:462-470.

[6] 张国辉. 柔性作业车间调度方法研究[D]. 武汉:华中科技大学,2009.

[7] ZHANG LIPING,et al. Mathematical modeling and evolutionary generation of rule sets for energy-efficient flexible job shops. Energy 2017,138:210-227.

[8] ZHONG R Y,et al. Big data analytics for physical internet-based intelligent manufacturing shop floors[J]. International Journal of Production Research 2017,55:2610-2621.

[9] CAO ZHENGCAI,et al. A knowledge-based cuckoo search algorithm to schedule a flexible job shop with sequencing flexibility[J]. IEEE Transactions on Automation Science and Engineering 2021,18:56-69.

[10] LUO SHU. Dynamic scheduling for flexible job shop with new job insertions by deep reinforcement learning[J]. Appl. Soft Comput. 2020,91:106208.

[11] 钟涛,萧卫,徐宏云,等. 带准备时间的单机调度问题的混合进化算法研究[J]. 计算机应用研究,2013,30(11):3248-3252.

[12] LIU BIYU, CHEN WEIDA. Single-machine scheduling with preventive periodic maintenance and resumable jobs in manufacturing system[J]. Journal of Southeast University(English Edition),2012(3):349-353.

[13] 李新宇. 工艺规划与车间调度集成问题的求解方法研究[D]. 武汉:华中科技大学,2009.

[14] 张超勇. 基于自然启发式算法的作业车间调度问题理论与应用研究[D]. 武汉:华中科技大学,2006.

[15] POTTS C N,STRUSEVICH V A. Fifty years of scheduling:a survey of milestones[J]. Journal of the Operational Research Society,2009,60(1):S41-S68.

[16]　ISKANDER P W. A survey of scheduling rules[J]. Operations Research,1977,25(1): 45-61.

[17]　JOC CING TAY,NHU BINH HO,Evolving dispatching rules using genetic programming for solving multi-objective flexible job-shop problems[J]. Computers & Industrial Engineering 54(3): 453-473.

[18]　NGUYEN S,ZHANG M,JOHNSTON M,et al. A computational study of representations in genetic programming to evolve dispatching rules for the job shop scheduling problem [J]. IEEE Transactions on Evolutionary Computation,2013,17(5): 621-639.

[19]　LI N,GAO L,LI P,et al. A GEP-based reactive scheduling policies constructing approach for dynamic flexible job shop scheduling problem with job release dates[J]. Journal of Intelligent Manufacturing,2013,24(4): 763-774.

[20]　YIN Y L,RAU H. Dynamic selection of sequencing rules for a class-based unit-load automated storage and retrieval system[J]. International Journal of Advanced Manufacturing Technology,2006,29(11-12): 1259-1266.

第 3 章

单机调度问题及其智能优化算法

在生产调度研究领域,单机车间调度问题一直是研究的热点,理论上单机车间调度问题可以看作其他调度问题的特殊形式。因此,深入研究单机车间调度问题可以更好地理解复杂的其他调度问题的结构,求解单机车间调度问题的启发式算法亦可以作为求解复杂调度问题算法的基础。

3.1 单机调度问题描述

单机调度(single machine scheduling,SMS)问题[1]可以描述为,n 项相互独立的任务需要在系统中的一台机器上序贯处理,每项任务有加工时间、交货期等参数,此外还要满足一些调度环境和约束条件的要求,调度目标就是要找到一个最优的任务序列使得系统总成本最小。该问题可用三参数法进行表示,如 $1|r_j,\text{prmp}|\sum \omega_j C_j$ 表示一个单机调度问题,其工件 j 在其提交日期 r_j 进入系统,允许中断。该问题的优化目标是最小化加权完成时间和。

在理论上,单机调度可看作其他调度问题的特殊形式,因此深入研究单机调度问题可以更好地理解复杂的多机调度问题的结构,求解单机调度问题的启发式算法也可以作为求解复杂调度问题算法的基础。在生产实践中,复杂调度问题往往可以分解为多个单机问题来解决,若一条生产线上的某台机器成为瓶颈,则整条生产线的调度可以围绕该机器进行,就可以转化为一个单机调度问题。单机调度问题也是一类经典的 NP-Hard 问题,对单机调度问题求解算法的研究可以提供求解复杂调度问题的算法基础。

3.2 单机调度问题的数学模型

3.2.1 单机总加权完成时间调度问题的数学模型

单机总加权完成时间[3]的三参数表示法是 $1\|\sum \omega_j C_j$,其中,工件 j 的权重 ω_j

是一个重要的因素,可以表示为每单位时间的持有成本,或者是已经附加到工件 j 上的价值。 这个问题引出了调度理论中非常有名的规则——加权最短加工时间优先(weighted shortest processing time first,WSPT)规则[1]。根据这个规则,工件按 ω_j / p_j 的降序来排列。

现设定如下一些假设:

(1) 工件在该台机器上加工时不能被其他工件抢占。

(2) 该机器同一时刻至多加工一个工件。

(3) 该台机器一直可用,并且在时刻 0 时机器处于空闲状态。

(4) 该台机器前有无限缓存区。

(5) 工件之间没有加工次序约束。

(6) 工件完工后立即被运走。

(7) 工件准备时间已作为其加工时间的一部分。

下面针对第一种情况给出相应的数学模型:

目标:

$$z = \min \sum_{j=1}^{n} \omega_j C_j \tag{3-1}$$

约束:

$$\frac{p_1}{\omega_1} \leqslant \frac{p_2}{\omega_2} \leqslant \cdots \leqslant \frac{p_n}{\omega_n} \tag{3-2}$$

$$p_j \geqslant 0, \quad j = 1, 2, \cdots, n \tag{3-3}$$

目标函数(3-1)表示加权完工时间和最小,约束条件(3-2)保证工序按照 WSPT 规则排列,约束条件(3-3)表示所有工件的加工时间应该大于或者等于 0。

3.2.2　单机提前/拖期调度问题的数学模型[4]

提前/拖期调度问题在准时制(just in time,JIT)生产中有重要意义。该问题是近 20 年来重要的研究课题,取得了许多研究成果,它的重要性体现在准时交货,可以避免不必要的在制品与成品的库存,加速资金周转,提高生产率,增强企业在客户中的信誉,提高企业产品的竞争能力。在市场经济发展的今天,这一问题的研究具有十分重要的实际意义。从理论上讲,这一领域中还有许多困难问题尚未解决,所以对它的研究具有重要的理论意义。

单机提前/拖期调度问题可以描述如下:设有 n 个工件 $j_1, j_2, \cdots, j_n$,等待在同一台机器上加工,工件之间的加工顺序无约束。工件 j_i 的加工时间为 p_i,工件 j_i 的交货期为 d_i,设工件 j_i 的实际完工时间为 c_i,如果 $c_i < d_i$,则工件 j_i 受到提前惩罚,如果 $c_i > d_i$,则工件 j_i 受到拖期惩罚。工件 j_i 的单位提前、拖期惩罚系数分别为 h_i 和 $\omega_i (i = 1, 2, \cdots, n)$,则工件 j_i 所受到的提前、拖期惩罚总数为:

$$g_i(c_i) = h_i \cdot \max\{0, d_i - c_i\} + \omega_j \cdot \max\{0, c_i - d_i\} \tag{3-4}$$

调度目标是确定工件的加工顺序和每个工件的实际开工时间,使得工件的提前/拖期惩罚最小,即

$$\min \sum_{i=1}^{n} g_i(c_j)$$

$$\text{s.t } c_i \leqslant c_j - p_j \quad \text{或} \quad c_j \leqslant c_i - p_i \; \forall i,j, \quad i \neq j, \quad c_i \geqslant p_i \; \forall i$$

(3-5)

3.3 单机调度问题的典型调度规则

单机调度相关问题的最优启发式规则包括经典的 WSPT 规则、EDD 规则和 LST 规则。不同的调度规则在不同场景中表现的性能亦存在差异。如运用工件集合中工件所需的加工时间最小的优先规则 SPT 可使平均流水时间最短[6];运用交货期在前的工件优先的规则 EDD,可使工件集合的最大拖期时间最短。

3.3.1 WSPT 规则

WSPT 规则对 $1\|\sum \omega_j C_j$ 是最优的。

证明 采用反证法。假设一个非 WSPT 的调度 S 是最优的。在这个调度里,必须至少有两个相邻的工件,比方说工件 j,后面接着工件 k,使得

$$\frac{\omega_j}{p_j} < \frac{\omega_k}{p_k}$$

(3-6)

假设工件在时间 t 开始加工,对工件 j 和工件 k 执行所谓的邻对交换。在原来的调度 S 中,工件 j 在时间 t 开始加工,紧跟着是工件 k;而在新的调度规则下,工件 k 在时间 t 开始加工,紧跟着是工件 j,所有其他工件还是保持在原来的位置上。这里把新的调度叫作 S'。在工件 j 和 k 之前加工的工件总加权完成时间不受交换的影响。在工件 j 和 k 之后加工的工件总加权完成时间也不受交换的影响。因此,在调度规则 S 和 S' 下,目标值的不同仅仅取决于工件 j 和 k(见图 3-1)。在调度规则 S 下,工件 j 和 k 的总加权完成时间是:

$$(t + p_j)\omega_j + (t + p_j + p_k)\omega_k$$

(3-7)

而在调度规则 S' 下其总加权完成时间是:

$$(t + p_k)\omega_k + (t + p_k + p_j)\omega_j$$

(3-8)

很容易验证,如果 $\omega_j/p_j < \omega_k/p_k$,则在调度规则 S' 下的两个加权完成时间之和严格小于在调度规则 S 的。这和调度规则 S 的最优性相矛盾。

根据 WSPT 规则,对工件进行排序所需的计算时间是根据两个参数的比率对工件进行排序所需的时间,其时间复杂度 $O(n\log(n))$。

优先约束如何影响总加权完成时间的最小值呢?考虑优先约束最简单的形式

（即并行链形式的优先约束，见图 3-2），这个问题仍然可以通过相对简单而有效（多项式时间）的算法解决。这个算法是基于带有优先约束调度的基本性质提出的。

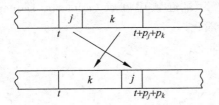
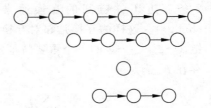

图 3-1　工件 j 和 k 的邻对交换[6]　　　　　图 3-2　链式优先约束

考虑 2 条工件链条：定义第一链条 I，由工件 $1,2,\cdots,k$ 组成；而另一条链，定义第二链条 II，由工件 $k+1,k+2,\cdots,n$ 组成。其优先约束如下：

$$1 \to 2 \to \cdots \to k$$

以及

$$k+1 \to k+2 \to \cdots \to n$$

定理 3.1 基于如下假设：如果调度者决定开始加工一条链上的工件，在他可以继续加工另一条链上的工件之前，他必须完成整个链上的工件。问题是：如果调度者想要最小化 n 项工件的总加权完成时间，那么两条链中的哪一条应该先加工呢？

定理 3.1　如果

$$\frac{\sum\limits_{j=1}^{k}\omega_j}{\sum\limits_{j=1}^{k}p_j} > (<) \frac{\sum\limits_{j=k+1}^{n}\omega_j}{\sum\limits_{j=k+1}^{n}p_j} \tag{3-9}$$

那么，在工件链 $k+1,k+2,\cdots,n$ 之前（后）加工工件链 $1,2,\cdots,k$ 是最优的。

证明　采用反证法。在顺序 $1,2,\cdots,k,k+1,k+2,\cdots,n$ 下，总加权完成时间是：

$$\omega_1 p_1 + \cdots + \omega_k \sum\limits_{j=1}^{k}p_j + \omega_{k+1}\sum\limits_{j=1}^{k+1}p_j + \cdots + \omega_n \sum\limits_{j=1}^{n}p_j \tag{3-10}$$

而在顺序 $k,k+1,k+2,\cdots,n,1,2,\cdots,k$ 下，总加权完成时间是

$$\omega_{k+1}p_{k+1} + \cdots + \omega_n \sum\limits_{j=k+1}^{n}p_j + \omega_1\left(\sum\limits_{j=k+1}^{n}p_j + p_1\right) + \cdots + \omega_k \sum\limits_{j=1}^{n}p_j \tag{3-11}$$

如果

$$\frac{\sum\limits_{j=1}^{k}\omega_j}{\sum\limits_{j=1}^{k}p_j} > \frac{\sum\limits_{j=k+1}^{n}\omega_j}{\sum\limits_{j=k+1}^{n}p_j} \tag{3-12}$$

那么,第 1 种顺序的总加权完成时间比第 2 种顺序的总加权完成时间小。结论成立。

2 条邻近工件链间的互换通常被称为邻近顺序互换(adjacent sequence interchange)。这样的互换是邻对互换的一般化。

链 $1 \to 2 \to \cdots \to k$ 的一个重要特征定义如下:

存在 l^* 满足

$$\frac{\sum\limits_{j=1}^{l^*} \omega_j}{\sum\limits_{j=1}^{l^*} p_j} = \max_{1 \leqslant l \leqslant k} \left(\frac{\sum\limits_{j=1}^{l} \omega_j}{\sum\limits_{j=1}^{l} p_j} \right) \tag{3-13}$$

左边的比率被称为链 $1,2,\cdots,k$ 的 ρ 因子,并记为 $\rho(1,2,\cdots,k)$。工件 l^* 被称为确定该链 ρ 因子的工件。

假设现在调度者允许在处理另一条链之前不必把第一条链的所有工件完成。他可以在处理某一条链的一些工件(只要坚持优先约束)时转到另一条链,然后在晚一点的时间再返回第 1 条链。在多条链的情况下,如果目标函数是总加权完成时间,那么下面的结果成立。

定理 3.2 如果工件 l^* 确定 $\rho(1,2,\cdots,k)$,那么存在一个最优顺序:连续加工工件 $1,2,\cdots,l^*$,而没有来自其他链的工件打断。

证明 采用反证法。假设在最优顺序下,子顺序 $1,2,\cdots,l^*$ 的加工被来自其他链的工件 v 中断。最优顺序包含子顺序 $1,2,\cdots,u,v,u+1,u+2,\cdots,l^*$,称为子顺序 S。足以说明,子顺序 $v,1,2,\cdots,l^*$(称为 S'),或者子顺序 $1,2,\cdots,l^*,v$(称为 S'')的总加权完成时间小于子顺序 S。如果第一个 S' 顺序不小于子顺序 S,那么第二个 S'' 顺序必然小于 S,反之亦然。由定理 3.1 可以得出,如果 S 小于 S' 的总加权完成时间,那么

$$\frac{\omega_v}{p_v} < \frac{\omega_1 + \omega_2 + \cdots + \omega_u}{p_1 + p_2 + \cdots + p_u} \tag{3-14}$$

由定理 3.1 也能得出,如果 S 小于 S'' 的总加权完成时间,那么

$$\frac{\omega_v}{p_v} > \frac{\omega_{u+1} + \omega_{u+2} + \cdots + \omega_{l^*}}{p_{u+1} + p_{u+2} + \cdots + p_{l^*}} \tag{3-15}$$

如果 l^* 是确定链 $1,2,\cdots,k$ 的 ρ 因子的工件,那么

$$\frac{\omega_{u+1} + \omega_{u+2} + \cdots + \omega_{l^*}}{p_{u+1} + p_{u+2} + \cdots + p_{l^*}} > \frac{\omega_1 + \omega_2 + \cdots + \omega_u}{p_1 + p_2 + \cdots + p_u} \tag{3-16}$$

如果 S 比 S'' 好,那么

$$\frac{\omega_v}{p_v} > \frac{\omega_{u+1} + \omega_{u+2} + \cdots + \omega_{l^*}}{p_{u+1} + p_{u+2} + \cdots + p_{l^*}} > \frac{\omega_1 + \omega_2 + \cdots + \omega_u}{p_1 + p_2 + \cdots + p_u} \tag{3-17}$$

因此,S' 比 S 好。如果链由多项工件打断,则可以进行同样的讨论。

　　定理 3.2 的结果是直观的。定理的条件意味着权重除以顺序 $1,2,\cdots,l^*$ 中工件加工时间的比率在某种意义上是递增的。如果已经决定开始加工一串工件,那么一直加工至工件 l^* 完成而没有任何其他工件在中间加工是最好的调度方案。

　　前面的两个定理包含了一个简单算法的基础,当优先约束表现为链式时,该算法可以最小化总加权完成时间。

　　算法 3.1　(带链式约束的总加权完成时间):只要机器空闲了,选择剩下链中具有最高 ρ 因子的链,无中断地加工该链直到并包括确定它的 ρ 因子的工件为止。例 3.1 说明了如何使用该算法。

　　例 3.1　(带链式约束的总加权完成时间)考虑下面两条链:

$$1 \rightarrow 2 \rightarrow 3 \rightarrow 4 \quad 和 \quad 5 \rightarrow 6 \rightarrow 7$$

表 3-1 给出了工件的权重和加工时间。

表 3-1　例 3.1 工件的权重和加工时间

工件	1	2	3	4	5	6	7
ω_j	6	18	12	8	8	17	18
p_j	3	6	6	5	4	8	10

　　第 1 条链的 ρ 因子是 $(6+18)/(3+6)$ 并且是由工件 2 确定。第 2 条链的 ρ 因子是 $(8+17)/(4+8)$ 并且是由工件 6 确定。由于 24/9 大于 25/12,所以工件 1 和工件 2 先加工。第 1 条链剩下部分的 ρ 因子是 12/6 并且是由工件 3 确定的。由于 25/12 大于 12/6,所以工件 5 和 6 接着工件 1 和 2 进行加工。第 2 条链剩下部分的 ρ 因子是 18/10 并且是由工件 7 确定的,所以工件 3 在工件 6 之后加工。由于工件 7 的 ω_j/p_j 比率高于工件 4 的比率,所以工件 7 在工件 3 之后加工,工件 4 最后加工。

　　对于 $1|\mathrm{prec}|\sum \omega_j C_j$,已经得到比刚才考虑的并行链更一般的优先约束的多项式时间算法。然而,对于任意的优先约束,该问题是强 NP-Hard 问题。

　　到目前为止,假设所有工件在零时刻均是可加工的。考虑工件到达时间不一致且允许中断的情况,即 $1|r_j,\mathrm{prmp}|\sum \omega_j C_j$。首先要考虑的问题是,WSPT 规则的中断形式是否是最优的。一个 WSPT 规则的中断形式可简述如下:在任何时间点,选择权重和剩余加工时间比率最大的可加工工件进行加工。因此当工件加工时,它的优先级会增加;正因为如此,一个工件不会被另一个同样可加工的工件所中断。然而,一个工件可能被新提交的具有更高优先因子的工件所中断。尽管这个规则看起来像无中断的 WSPT 规则的逻辑性扩展,但它并不一定能够得到最优调度,因为这个问题是强 NP-Hard 问题。

　　如果所有的权重是相等的,那么 $1|r_j,\mathrm{prmp}|\sum C_j$ 问题就很容易。但是这个问题的无中断形式(即 $1|r_j|\sum C_j$)仍然是强 NP-Hard 问题。

总加权折扣完成时间 $\sum \omega_j(1-e^{-rc_j})$（其中 r 是折扣因子），在某种程度上被描述成是总加权（无折扣）完成时间的一般化目标。$1\|\sum \omega_j(1-e^{-rc_j})$ 问题提出了一个不同的优先级规则，即按公式（3-18）

$$\frac{\omega_j e^{-rp_j}}{1-e^{-rp_j}} \tag{3-18}$$

的降序调度工件的规则。在后续章节中，这条规则被称为权重折扣最短加工时间优先（weight discounted shortest processing time first，WDSPT）规则。

3.3.2 EDD 规则[7]

EDD 规则考虑的目标和交货期相关。考虑与交货期相关的一般性问题，也就是问题 $1|\text{prec}|h_{\max}$，这里

$$h_{\max}=\max(h_1(c_1),h_2(c_2),\cdots,h_n(c_n)) \tag{3-19}$$

其中，$h_j(j=1,2,\cdots,n)$ 是非减成本函数，其目标与工期相关。即使当工件受限于任意优先约束，这个问题也可以用后向动态规划算法进行有效求解。

显然，最后一项工件的完工时间 $C_{\max}=\sum p_j$，这与调度方案是无关的。J 表示已经调度的工件集合，它们在时间区间内进行加工。

$$\left(C_{\max}-\sum_{j\in J}p_j,C_{\max}\right) \tag{3-20}$$

集合 J 的补集为集合 J^c，表示仍然等待调度的工件集合，而 J^c 的子集 J' 表示在 J 前可以立即调度的工件集合（即所有直接后续已经在 J 中的工件集合）。集合 J' 称作可调度工件集。下面是后向算法得到最优调度。

算法 3.2　（最小化最大成本）
步骤 1　设 $J=\varnothing$，$J^c=\{1,2,\cdots,n\}$，而 J' 是没有后续的所有工件集合。
步骤 2　使 j^* 满足

$$h_{j^*}\left(\sum_{j\in J^c}p_j\right)=\min_{j\in J'}\left(h_j\left(\sum_{k\in J^c}p_k\right)\right) \tag{3-21}$$

将 J^* 加到 J，从 J^c 中删除 J^*，修改 J' 使它表示新的可调度工件集合。
步骤 3　如果 $J^c=\varnothing$，则停止，否则跳转到步骤 2。
定理 3.3　对 $1|\text{prec}|h_{\max}$ 应用算法 3.2 得到一个最优调度方案。
证明　采用反证法。假设在一个给定的迭代中从 J' 中选出工件 J^{**}，在 J' 所有的工件中不具有最小完成成本

$$h_{j^*}\left(\sum_{j\in J^c}p_j\right) \tag{3-22}$$

则 J^{**} 是选择的工件。最小成本工件 J^* 必然在晚一些的迭代中进行调度，这意味着 J^* 必须在 J^{**} 之前出现在顺序中。许多工件可能会出现在 J^* 和 J^{**} 之

间,如图 3-3 所示。

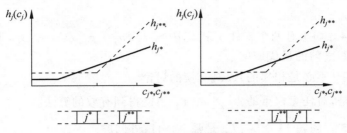

图 3-3　定理 3.3 的最优性证明

为说明这个顺序不可能是最优的,选取工件 J^*,将其插入工件 J^{**} 后面且紧随其后,那么最初的调度中在 J^* 和 J^{**} 之间的所有工件,包括 J^{**},均得到提前。唯一的完成成本增加的工件是 J^*。然而,由定义知道,现在它的完成成本比最初调度下工件 J^{**} 的完成成本小,因此在插入工件 J^* 后最大完成成本降低了。

例 3.2　(最小化最大成本)

考虑表 3-2 中的 3 个工件:

表 3-2　例 3.2 的 3 个工件

工　件	1	2	3
p_j	2	3	5
$h_j(C_j)$	$1+C_1$	$1.2C_2$	10

制造期 $C_{\max}=10$ 并且 $h_3(10)<h_1(10)<h_2(10)$(因为 $10<11<12$)。因此,工件 3 最后进行调度并且必须在时间 5 的时候开始加工。为确定哪个工件在工件 3 之前进行加工,必须比较 $h_2(5)$ 和 $h_1(5)$。在最优调度中,工件 1 和 2 都可以在工件 3 前进行加工,因为 $h_2(5)=h_1(5)=6$,所以有两个调度是最优的:1,2,3 和 2,1,3。

问题 $1\|L_{\max}$ 是 $1|\text{prec}|h_{\max}$ 的最有名的特例。函数 h_j 定义为 C_j-d_j,按算法 3.2 获得的工期升序排列工件的调度方案,即最早交货期(EDD)规则。

动态规则的一个例子是最小松弛(minimum slack,MS)[8,9] 优先。

另一个常用到的规则就是先来先服务规则,等同于提交日期最早优先(earliest release date,ERD)规则。这个规则试图让各工件的等待时间相等(也就是说最小化等待时间的方差)。

3.3.3　总加权滞后时间[10]

问题 $1\|\sum\omega_jT_j$ 是 $1\|\sum T_j$ 问题的重要的一般化。许多学者研究了这个问题并且已经试验出了很多不同的方法。这些方法涵盖了从非常复杂的密集型计算机技术到相当粗糙的起初为应用目的而设计的启发式算法。

该问题描述的对 $1\|\sum T_j$ 的动态规划算法也可以处理一致的权重，$p_j \geqslant p_k \Rightarrow \omega_j \leqslant \omega_k$。

定理 3.4 如果有两个工件 j 和 k，$d_j \leqslant d_k$，$p_j \leqslant p_k$ 及 $\omega_j \geqslant \omega_k$，那么，存在工件 j 在工件 k 之前的最优调度。

证明基于（不必是相邻的）成对交换的讨论。

遗憾的是，对任意权重的 $1\|\sum \omega_j T_j$ 不能得到有效的算法。

定理 3.5 问题 $1\|\sum \omega_j T_j$ 是强 NP-Hard 问题。

证明 证明再次基于对 $1\|\sum \omega_j T_j$ 的三划分归结而完成。归结基于如下变形：再一次选择工件的数量 $n = 4t - 1$，以及

$$d_j = 0, \quad p_j = a_j, \quad \omega_j = a_j, \quad j = 1, 2, \cdots, 3t$$

$$d_j = (j - 3t)(b + 1), \quad p_j = 1, \quad \omega_j = 2, \quad j = 3t + 1, \quad 3t + 2, \cdots, 4t - 1$$

使

$$z = \sum_{1 \leqslant j \leqslant k \leqslant 3t} a_j a_k + \frac{1}{2}(t - 1)tb \tag{3-23}$$

可以证明，存在目标值为 z 的调度，当且仅当三划分问题存在解。前 $3t$ 个工件的 ω_j / p_j 比率等于 1，并且在时间 0 到期。有 $t - 1$ 个 ω_j / p_j 比率等于 2 的工件，它们的工期是在 $b + 1, 2b + 2$，等等。可以得到值为 z 的解，如果这 $t - 1$ 个工件可以精确地在区间

$$[b, b + 1], \quad [2b + 1, 2b + 2], \quad \cdots, \quad [(t-2)b + t - 2, (t-1)b + t - 1]$$

进行加工（见图 3-4）。为把 $t - 1$ 个工件填到 $t - 1$ 个区间中，前 $3t$ 个工件必须拆分成 t 个子集，每个子集含 3 个工件，每个子集中 3 个加工时间的和等于 b。可以验证，这种情况下加权滞后之和等于 z。

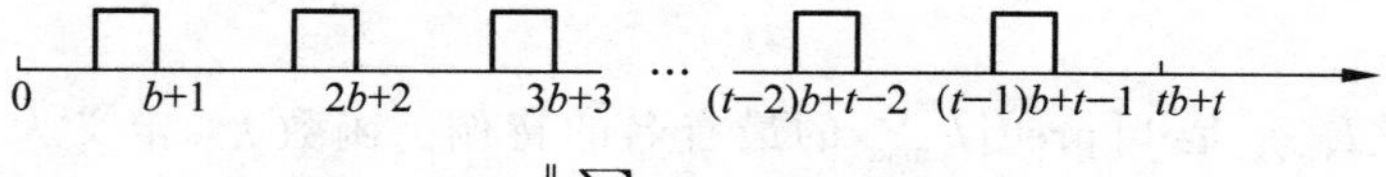

图 3-4 $1\|\sum \omega_j T_j$ 的三划分归结

当不存在这样一个划分时，那么至少存在一个子集，其中 3 个工件的加工时间之和大于 b，并且另一个子集中 3 个工件的加工时间之和小于 b。可以验证，在这种情况下，加权滞后之和大于 z。

通常，分枝定界法[12]用于 $1\|\sum \omega_j T_j$。一般来说，调度从末端开始构造（即后向时间）。在搜索树的 j 层上，工件被放在第 $(n - j + 1)$ 位置。所以从 $j - 1$ 层的每个顶点，有 $n - j + 1$ 个分枝到达 j 层。没有必要评估所有可能的顶点，如定理 3.4 中描述的支配结论可以删除许多顶点。J 层顶点数量的上界是 $n!/(n-j)!$。后向构造顺序的依据是目标函数中较大的项可能和放在调度后面的工件相关联，所以从末端开始构造顺序是有利的。

有很多不同的定界技巧,较简单的定界技巧之一是将问题松弛为运输问题。在这个程序中,每个(整数)加工时间 p_j 的工件 j 分成 p_j 个工件,每项是单位加工时间。如果工件 j 的一个单位工件在时间区间 $(k-1,k)$ 内加工,那么决策变量 x_{jk} 就是 1,否则是 0。这些决策变量 x_{jk} 必须满足两组约束:

$$\sum_{k=1}^{c_{\max}} x_{jk} = p_j, \quad j = 1,2,\cdots,n \tag{3-24}$$

$$\sum_{j=1}^{n} x_{jk} = 1, \quad k = 1,2,\cdots,C_{\max} \tag{3-25}$$

显然,满足这些约束的解并不保证是没有中断的可行调度。定义成本系数 c_{jk},它满足

$$\sum_{k=l-p_j+1}^{l} c_{jk} \leqslant \omega_j \max(l-d_j,0), \quad j=1,2,\cdots,n; \quad l=1,2,\cdots,C_{\max} \tag{3-26}$$

那么最小成本解提供了一个下界,因为对于 $x_{jk}=1(k=C_j-p_j+1,\cdots,C_j)$ 的运输问题的任何解,等式(3-27)成立:

$$\sum_{k=1}^{c_{\max}} c_{jk} x_{jk} = \sum_{k=c_j-p_j+1}^{c_j} c_{jk} \leqslant \omega_j \max(C_j-d_j,0) \tag{3-27}$$

非常容易找到满足这个关系的成本函数。例如,设

$$c_{jk} = \begin{cases} 0, & k \leqslant d_j \\ \omega_j, & k > d_j \end{cases} \tag{3-28}$$

运输问题的解为 $1 \| \sum \omega_j T_j$ 提供了一个下界。这个定界技巧适用于树的每个点所对应的未调度工件。如果这个下界比任何已知的调度解大,那么就可以删除该点。

例 3.3 (最小化总加权滞后时间)

考虑表 3-3 中的 4 个工件:

表 3-3 例 3.3 的 4 个工件

工件	1	2	3	4
ω_j	4	5	3	5
p_j	12	8	15	9
d_j	16	26	25	27

由定理 3.4 立即得到在最优顺序中,工件 4 跟在工件 2 后面,工件 3 跟在工件 1 后面。根据时间后向构造分枝定界树。只有两个工件需考虑作为最后一个位置的候选,即工件 3 和工件 4。图 3-5 中描述了需要考查的分枝定界树的顶点。为了先选一分枝进行搜索,对 1 层的两个点确定边界。

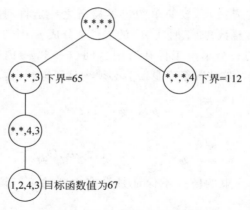

图 3-5　例 3.3 的分枝定界过程

在顶点 $(*,*,*,4)$ 的后代中对于一个最优顺序的一个下界可以通过考虑前面描述过的运输问题用于工件 1,2 和 3 而确定。成本函数选择如下：

$$c_{1k}=0,\quad k=1,2,\cdots,16$$
$$c_{1k}=4,\quad k=17,18,\cdots,35$$
$$c_{2k}=0,\quad k=1,2,\cdots,26$$
$$c_{2k}=5,\quad k=27,28,\cdots,35$$
$$c_{3k}=0,\quad k=1,2,\cdots,25$$
$$c_{3k}=3,\quad k=26,27,\cdots,35$$

把工件片段分配到时间段的最优方案是把工件 1 放在前 12 个时段,工件 2 放在时段 19～26,以及工件 3 放在 13～18 和 27～35 时段(这个最优解可以通过解运输问题找到,但也可以很容易地通过试错法找到)。分配这 3 项工件的成本是 3×9(分配工件 3 到时段 27～35 的成本)。为得到这个点的一个下界,必须加上工件 4 的滞后,这样得到的下界是 $27+85$,即 112。

用类似的方式,可以得到点 $(*,*,*,3)$ 的一个下界。对工件 1,2,4 的最优顺序的下界是 8,而工件 3 的滞后是 57,得到边界 65。

因为点 $(*,*,*,3)$ 看起来是更有希望的点,所以该点的结果率先考虑。从这个点可得到的最好调度是 1,2,4,3,目标值是 67。

由于 $(*,*,*,4)$ 的下界是 112,所以 1,2,4,3 是最好的调度。

3.4　单机调度问题的典型智能优化方法

单机调度问题[12]已经被证明是一类 NP-Hard 问题,对车间调度问题复杂性的研究发现,仅有极少数特殊实例可以在多项式时间内得到解决。由于车间调度问题的复杂性及精确方法在求解该问题上存在的问题,使近似方法成为一种可行的选择。近似方法能在合理的时间内产生比较满意的较优解,可以广泛应用于较大规模的车间调度问题。本节着重介绍遗传算法在单机调度问题中的应用。

3.4.1　遗传算法[14]

遗传算法是在 1975 年由美国密歇根大学(University of Michigan)的 J. Holland 教授受生物进化论的启迪提出的[15]。同年,De Jong 完成了大量基于 GA 思想的纯数值函数优化计算实验的博士论文,为 GA 及其应用打下了坚实的基础。1989 年,Goldberg[16] 的著作对 GA 做了系统全面的总结与论述,奠定了 GA 的基础。

GA 是基于"物竞天择、适者生存"的一种高度并行、随机和自适应的优化算法,它将问题的求解表示成染色体(chromosome)适者生存的进化过程,通过种群(population)的一代代不断进化,包括选择(selection)、交叉(crossover)和变异(mutation)等操作,最终收敛到"最适应环境"的个体,从而求得问题的最优解或满意解。Michalewicz 总结了 GA 的五个基本要素:编码和解码、种群初始设计、适应度函数设计、遗传算子设计(主要包括选择、交叉、变异等)和遗传参数设置(种群规模、遗传算子的概率等)。这五个要素构成了 GA 的核心内容。

下面举例说明遗传算法的基本方法。

对于一个给定的优化问题,设目标函数

$$F = f(x, y, z), \quad (x, y, z) \in \Omega, \quad F \in R \tag{3-29}$$

要求 (x_0, y_0, z_0) 使得(不失一般性,假设求最大值)

$$F = f(x_0, y_0, z_0) = \max_{(x, y, z) \in \Omega} f(x, y, z) \tag{3-30}$$

其中 (x, y, z) 为自变量,Ω 是 (x, y, z) 的定义域,x, y, z 可以是数值,也可以是符号;F 为实数,是解的优劣程度或适应度的一种度量;f 为解空间 $(x, y, z) \in \Omega$ 到实数域 $F \in R$ 的一种映射。

那么 GA 的求解步骤如下:

1. 编码

用一定比特数的 0-1 二进制码对自变量 x, y, z 进行编码形成基因码链,每条码链代表一个个体,表示优化问题的一个解。如 x 有 16 种可能取值 $x_0, x_1, \cdots, x_{15}$,则可以用 4 bit 的二进制码 0000-1111 来表示。将 x, y, z 的基因码组合在一起则形成码链。

2. 产生群体

当 $t = 0$ 时,随机产生 n 个个体组成一个群体 $P(t)$,该群体代表优化问题的一些可能解的集合。当然,一般来说,它们的质量很差。GA 的任务是要从这些群体出发,模拟进化过程,择优汰劣,最后得出非常优秀的群体和个体,以满足优化的要求。

3. 评价

按编码规则,将群体 $P(t)$ 中的每一个体的基因码所对应的自变量取值 (x, y, z) 代入式(3-29),算出其函数值 $F_i, i=1,2,\cdots,N$。F_i 越大,表示该个体有较高的适应度。更适应于 F 所定义的生存环境,适应度 F_i 为群体进化时的选择提供了依据。

4. 选择(复制)

按一定概率从群体 $P(t)$ 中选取 M 对个体,作为双亲用于繁殖后代,产生新的个体加入下一代群体 $P(t+1)$ 中。一般 P_i 与 F_i 成正比,也就是说,适合于生存环境的优良个体将有更多的繁殖后代的机会,从而使优良特性得以遗传。选择是遗传算法的关键,它体现了自然界中适者生存的思想。

5. 交叉

对于选中的用于繁殖的每一对个体,随机地选择同一整数 n,将双亲的基因码链在此位置相互交换。如个体 X, Y 在位置 3 经交叉产生新个体 X', Y',它们组合了父辈个体 X, Y 的特征,即

$$X = X_1 X_2 X_3 X_4 X_5 \qquad [0 \quad 0 \quad 0 \quad 1 \quad 1]$$
$$Y = Y_1 Y_2 Y_3 Y_4 Y_5 \qquad [1 \quad 1 \quad 1 \quad 0 \quad 0]$$
$$\downarrow$$
$$X' = X_1 X_2 X_3 X_4 X_5 \qquad [0 \quad 0 \quad 0 \quad 0 \quad 0]$$
$$Y' = Y_1 Y_2 Y_3 Y_4 Y_5 \qquad [1 \quad 1 \quad 1 \quad 1 \quad 1]$$

交叉体现了自然界中信息交换的思想。

6. 变异

以一定概率 P_m 从群体 $P(t+1)$ 中随机选取若干个体。对于选中的个体,随机选取某一位进行取反运算,即由 1→0 或由 0→1。同自然界一样,每一位发生变异的概率很小。变异模拟了生物进化过程中的偶然基因突变现象。GA 的搜索能力主要是由选择和交叉赋予的,变异算子则保证了算法能搜索到问题解空间的每一点,从而使算法全局最优,进一步增强了 GA 的能力。

对产生的新一代群体进行重新评价、选择、交叉、变异,如此循环往复,使群体中最优个体的适应度和平均适应度不断提高,直至最优个体的适应度达到某一限值或最优个体的适应度和群体的平均适应度值不再提高,则迭代过程收敛,算法结束。

人们不禁要问:上述如此简单的过程,果真能产生神奇的效果吗? Holland 的模式定理(schema theorem)[16]通过计算有用相似性,即建筑块(building block),从而在一定程度上奠定了 GA 的数学基础。检查包含在群体中的各种模式的增长速率可以更进一步地增强对 GA 处理能力的理解。因此,理解模式的概念对更好地理解 GA 具有十分重要的意义。下面简要介绍一些模式的概念:

（1）在全部个体的通体 Ω 中,具有某些共同特性的一个子集 $H \in \Omega$,称为一个模式。

（2）模式中的每一位,若"1"与"1"匹配,"0"与"0"匹配," * "与两者任一匹配,那么称这一模式与字符串匹配。例如,对于 $A = 101$,下面的模式传输同样的信息：$A_1 = 10*$,$A_2 = *01$,$A_3 = ***$,$A_4 = 1**$。

（3）基数为 k 的基因链(字符串)含有 $(k+1)^l$ 个模式($l=$串的长度)。

（4）大小为 N 的群体含有 $2^l \sim N \cdot 2^l$ 个模式。

（5）模式的阶 $O(H)$,是指模式中含有 0 和 1 的个数；模式的定义长度 $\delta(H)$ 是指第 1 位数码和最后一位数码之间的距离。例如,对于模式 $A_1 = 1**1$,$O(A_1) = 2$,$\delta(A_1) = 3$。

Holland 的模式定理：低阶、定义长度短的模式在群体中指数增加。他预言在群体大小为 N 的字符串中,处理的模式数目为 $O(n^3)$。这说明了 GA 的处理能力与传统优化方法相比所具有的卓越优点,是 GA 具有独特魅力的主要原因。因此,GA 也称为隐式并行算法(implicit parallelism)[17]。

3.4.2　遗传算法的基本框架

一般 GA 的流程框图如图 3-6 所示,步骤如下：

步骤 1　按照一定的初始化方法产生初始种群 $P(0)$。

步骤 2　评价种群 $P(0)$,计算种群中各个个体的适应度值。

步骤 3　判断是否满足算法的终止条件,若满足则输出优化结果,否则转到步骤 4。

步骤 4　执行遗传操作,利用选择、交叉和变异算子产生新一代种群 $P(\text{gen})$。

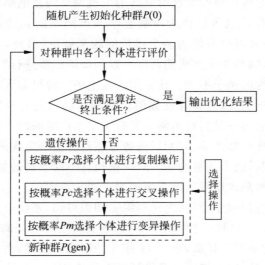

图 3-6　遗传算法的流程图

步骤 5　转到步骤 2,gen＝gen＋1。

到目前为止,GA 有很多种变型或改进,但其基于生物遗传进化的思想来实现优化过程的机制没变,区别于传统优化算法,它具有以下特点[18]:

(1) GA 对问题参数编码成染色体后进行进化操作,而不是针对问题参数本身,这使得 GA 不受问题约束条件的限制,如连续性、可导性等。

(2) GA 的搜索过程是从问题解的一个集合开始的,而不是从单个个体开始的,具有隐含并行搜索特性,从而减小了陷入局部最优的可能。

(3) GA 使用的遗传操作均为随机操作,同时 GA 根据个体的适应度值进行搜索,而无须其他信息,如导数信息等。

(4) GA 具有全局搜索能力,善于求解复杂问题和非线性问题。

GA 的优越性主要表现在[18]:

(1) 算法进行全空间并行搜索,并将搜索重点集中于性能高的部分,从而能够提高搜索效率且不易陷入局部最优;

(2) 算法具有固有的并行性,通过对种群的遗传操作可处理大量的模式,并且容易并行实现。

虽然 GA 具有以上优势,但是,如何利用 GA 高效求解调度问题,一直被认为是一个具有挑战意义的课题。

3.5　应用案例介绍

热轧带
钢流程
简介

在实际应用过程中,船舶制造、汽车零部件制造到精密制造等制造行业均涉及单机车间调度模型。在理论上,单机调度可看作其他调度问题的特殊形式,因此深入研究单机调度问题可以更好地理解复杂的多机调度问题的结构,同时,求解单机调度问题的启发式算法也可以作为求解复杂调度问题的算法基础。在生产实践中,复杂调度问题往往可以分解为多个单机问题来解决,另外,若一条生产线上的某台机器成为瓶颈,则整条生产线的调度可以围绕该机器进行。

生产中单机调度的例子不少。比如生产线上的一台机器人负责将半成品从缓冲区搬运至机床进行加工,这就存在如何合理调度机器人的行进路径和安排物料搬运次序使得机床利用率最高且不影响紧后工序生产的问题。再比如钢铁热轧车间一般会配备一座环形加热炉,切割后的各种坯料将按一定次序进入加热炉加热,再依次取出进行轧制,由于坯料的加热时间很长且不同坯料的加热时间不尽相同,因而合理安排坯料加热次序对后续工序的生产意义重大。

单机调度问题看似简单,然而由排列组合知识可知,系统中 n 个工件加工次序的全排列为 $n!$,当 $n=20$ 时,$n!=2.4\times10^{18}$,若要对所有可能的排序计算出结果进行比较,即使是每秒运算十亿次,也要 77 年才能完成。显然,当 n 较大时单机调度问题是 NP-Hard 问题,这个结论已经得到了充分论证。尤其是当问题规模超过 50

时,分枝定界、动态规划等算法效率已经较差,更多的需要借助于近似算法,可将人工智能算法与启发式规则相结合。

3.6　拓展阅读

实际生产中,由于人为因素和自然因素的影响使得工件的加工时间出现不确定性,为了更好地进行生产控制,在调度中就要考虑到这种不确定性的影响。基于这种思想,提出了以模糊函数来表示加工时间的不确定性,运用模糊的思想进行生产调度[18]。建立了 3 种 N 个工件的关于模糊加工时间的单机调度模型,以及在各自模型下的一些优序准则,并通过例子来说明这些优序准则的应用。

模型 1　最小的流水时间

在生产中、每个工件的加工时间是模糊的,假如决策者对每个工件 i 要求以一个大于 a_i 的隶属度来属于完工集,在这种约束下求一个优序,使得在此优序下出现最短的加工时间最小。其模型为:

$$\begin{cases} \min F \\ \text{s.t.} \quad \mu_{y_i(k)}(P_i(k)) \geqslant a_i(k), & i = 1,2,\cdots,n;\ k = 1,2,\cdots,n! \\ F_k = \min \sum_{i=1}^{n} P_i(k), & k = 1,2,\cdots,n! \\ F = \min\{F_k, k = 1,2,\cdots,n!\} \end{cases} \tag{3-31}$$

式中　F_k——k 排列下的最小流水时间;

　　　　$P_i(k)$——对应于第 k 种排列下,满足该排列的第 i 个工件所需的加工时间。

分析:欲求 F_k 的最小值,就是求每个 $P_i(k)$ 的最小值。由于 $\mu(x)$ 是单调递增的,在闭区间内它的反函数也是单调递增的,所以当式(3-31)中的不等式取等号时,每个 $P_i(k)$ 取得最小值,则 F_k 也取得最小值。所以模型可化为:

$$\begin{cases} \min F \\ \text{s.t.} \quad F_k = \sum_{i=1}^{n} P_i(k) \\ \qquad\quad = \sum_{i=1}^{n} \mu_{y_i(k)}^{-1}(a_i(k)) \\ \qquad\quad = \sum_{j=1}^{n} \sum_{i=1}^{n-j+1} \mu_{j(k)}^{-1}(a_i(k)) \\ F = \min\{F_k, k = 1,2,\cdots,n!\} \end{cases} \tag{3-32}$$

要求出最小流水时间,对一个具有 n 个工件的集合用枚举法,先求解 $n!$ 个排列的 F_k,再求 $n!$ 个 F_k 的最小值 F。但是如果先给出工件可能的优序准则,就可以大大减少排列的个数,也就是减少求解方程的个数。

模型 2　按交货期完成的最小隶属度最大

每个工件有一个确定的交货期 d_i,排列中对每个交货期 d_i 有一个关于该工件隶属函数的隶属度,目标是寻找一个优序,使得在此优序中,所有工件的交货期 d_i 对应的最小隶属度达到极大,即

$$\begin{cases} \max \mu(d) \\ \text{s.t.} \quad \mu_k(d) = \min\{\mu_{y_i(k)}(d_i(k)), i = 1, 2, \cdots, n\} \\ \qquad \mu(d) = \max\{\mu_k(d), k = 1, 2, \cdots, n\} \end{cases} \tag{3-33}$$

式中　$d_i(k)$——第 k 种排列下的第 i 个工件的交货期。

模型 3　最迟开工时间最大[19]

约束是对于每个工件 i 有一个指定的交货期 d_i,要求工件 i 以大于等于 a_i 的隶属度属于完工集,目标是给出一个合理的排列,使得整个系统的最迟开工时间最大。该模型的意义是,按照准时制(JIT)思想,在所有的工件预先到达的情况下,何时将工件引入系统进行加工,使得每个工件在满足约束下,占用机器的时间最少,从而提高机器的利用率。

最迟开工时间是把工件引入系统加工的最晚可行性时间。可行性是指每个工件满足各自的约束条件,即

$$\begin{cases} \max r \\ \text{s.t.} \quad \mu_{y_u(k)}(d_i(k) - r_{i(k)}) \geqslant a_i(k), \quad i = 1, 2, \cdots, n \\ \qquad r(k) = \min\{r_{i(k)}, i = 1, 2, \cdots, n\} \\ \qquad r = \max\{r(k), k = 1, 2, \cdots, n!\} \end{cases} \tag{3-34}$$

式中　r——最迟开工时间;

　　　$r(k)$——第 k 种排列中的最迟开工时间;

　　　$r_{i(k)}$——在第 k 种排列中,第 i 个工件的最迟开工时间。

分析:式(3-34)中,由 $\mu_{y_i(k)}(d_i(k) - r_{i(k)}) \geqslant a_i(k)$ 解得

$$\begin{cases} d_i(k) - r_{i(k)} \geqslant \mu_{y_i(k)}^{-1}(a_i(k)) \\ r_{i(k)} \leqslant d_i(k) - \sum_{j=1}^{i} \mu_{j(k)}^{-1}(a_i(k)) \end{cases} \tag{3-35}$$

当式(3-35)中的不等式取等号时,$r_{i(k)}$ 最大,则每个排列中最小的 r_k 也最大,这时求出的 r 也是最大的。则模型化为:

$$\begin{cases} \max r \\ \text{s.t.} \quad r_{i(k)} = d_i(k) - \sum_{j=1}^{i} \mu_{j(k)}^{-1}(a_i(k)), \quad i = 1, 2, \cdots, n \\ \qquad r(k) = \min\{r_{i(k)}, i = 1, 2, \cdots, n\} \\ \qquad r = \max\{r(k), k = 1, 2, \cdots, n!\} \end{cases} \tag{3-36}$$

在第 k 种排列下,对取得 $r(k)=r_{i(k)}$ 的第 i 个方程,称为该排列的约束方程。其对应的第 i 个工件称为该排列的约束工件。

3.7 习题

1. 考虑带有如下权重和加工时间的 $1\|\sum\omega_j C_j$:

工件	1	2	3	4	5	6	7
ω_j	0	18	12	8	8	17	16
p_j	3	6	6	5	4	8	9

(1) 找出所有最优顺序。

(2) 确定 p_2 从 6 变为 7 对最优顺序的影响。

(3) 确定(2)的改变对目标值的影响。

2. 考虑具有和习题 1(1)相同工件集的 $1\|\sum\omega_j(1-e^{-rC_j})$

(1) 假设折扣率 $r=0.05$,找出最优顺序,并确定它是否唯一。

(2) 假设折扣率 $r=0.5$,最优顺序改变吗?

3. 找出有如下工件的 $1\|h_{\max}$ 实例的所有最优顺序:

工件	1	2	3	4	5	6	7
p_j	4	8	12	7	6	9	9
$h_j(C_j)$	$3C_1$	77	C_3^2	$1.5C_4$	$70+\sqrt{C_5}$	$1.6C_6$	$1.4C_7$

4. 考虑 $1\|\sum\omega_j(1-e^{-rC_j})$。假设对所有的 j 和 k,$\omega_j/p_j\neq\omega_k/p_k$。说明 r 足够接近于零时,最优顺序是 WSPT。

5. 考虑问题 $1|\text{prmp}|\sum h_j(C_j)$。说明如果函数 h_j 不是减函数,则存在无中断的最优调度。结论对任意 h_j 也成立吗?

6. 考虑如下 WSPT 规则的中断形式:如果 $p_j(t)$ 表示时间 t 内工件 j 剩下的加工时间,那么 WSPT 规则的中断形式在每个时间点把具有最高 $\omega_j/p_j(t)$ 比率的工件放到机器上,举反例说明这个规则对 $1|r_j,\text{prmp}|\sum\omega_j C_j$ 并不一定是最优的。

参考文献

[1] CHENG C Y, LIN S W, Pourhejazy P, et al. Greedy-based non-dominated sorting genetic algorithm iii for optimizing single-machine scheduling problem with interfering jobs[J].

IEEE Access,2020,8：142543-142556.

[2] 刘碧玉,陈伟达.预防性周期维护下考虑可中断工件的再制造单机调度（英文）[J].Journal of Southeast University(English Edition),2012,28(3)：349-353.

[3] 轩华,刘静,郑民,等.带无向环优先级的单机总加权完成时间调度问题[J].系统管理学报,2013,22(3)：415-419.

[4] 吴悦,汪定伟.交货期窗口下带有附加惩罚的单机提前/拖期调度问题[J].控制理论与应用,2000,17(1)：6.

[5] 李豆豆.生产调度的启发式规则研究综述[J].机械设计与制造工程,2014,43(2)：51-56.

[6] PINEDO M，HADAVI K. Scheduling：theory，algorithms，and systems [J]. Berlin：Springer,1992.

[7] 卫军胡,孙国基.一种新的制造系统仿真调度规则[J].系统仿真学报,1999(5)：354-357.

[8] PANWALKAR S S，ISKANDER W. A survey of scheduling rules [J]. Operations Research,1977,25(1)：45-61.

[9] BLACKSTONE J H,PHILLIPS D T,HOGG G L. A state-of-the-art survey of dispatching rules for manufacturing job shop operations [J]. International Journal of Production Research,1982,20(1)：27-45.

[10] 冯大光,唐立新.单台批处理机总加权完成时间最小化的启发式算法[J].控制与决策,2006(11)：1293-1297.

[11] 张晗,陈晓晓,魏禧辰.基于分枝定界法的整数规划问题研究与应用[J].赤峰学院学报（自然科学版）,2019,35(4)：20-23.

[12] 李新宇.工艺规划与车间调度集成问题的求解方法研究[D].武汉：华中科技大学,2009.

[13] 陈亚绒,管在林,彭运芳,等.面向大规模定制的瓶颈成组调度启发式方法研究[J].中国机械工程,2010,21(8)：957-962.

[14] 崔喆.基于群智能优化算法的流水车间调度问题若干研究[D].上海：华东理工大学,2014.

[15] HOLLAND J. Adaptation in nature and artificial systems[M]. Michigan：The University of Michigan Press,1975.

[16] GOLDBERG D E. Genetic algorithm in search,optimization,and machine learning[M]. Boston：Addison-Wesley Professional,1989.

[17] 陈根社,陈新海.遗传算法的研究与进展[J].信息与控制,1994(4)：215-222.

[18] 高睿.混合分布式并行遗传算法的研究与应用[D].成都：电子科技大学,2006.

[19] 王成尧,汪定伟.模糊加工时间的单机调度问题[C]//1996中国控制与决策学术年会,1996.

[20] 王成尧,汪定伟.单机模糊加工时间下最迟开工时间调度问题[J].控制与决策,2000(1)：71-74.

第4章

并行机调度问题及其智能优化算法

在单机调度问题中,只有一台机器参与加工,工件排序是研究的重点;而在并行机调度中,有一个包含多台加工设备的并行机组参与加工,每个工件只有一道工序,需要同时确定工件的加工顺序和机器分配。并行机组可以根据机器特性分为同速并行机、异速并行机和不相关并行机。并行机调度问题广泛出现在制造型企业的生产线中,也是很多调度问题(如混合流水车间调度、柔性作业车间调度等)的基础,得到了众多学者的广泛关注和深入研究。

4.1　并行机调度问题描述

并行机调度问题(parallel machines scheduling problem,PMSP)可描述为: n 个相互独立的工件在一个包含 m 台机器的并行机组上加工,每个工件只有一道工序,给定工件的所有信息(如加工时间、交货期等),需要确定所有工件在各机器上的分配问题和各机器上工件的排序问题,使得一项或多项指标最优。假设条件如下:

(1) 机器不发生故障;

(2) 不同工件的工序之间没有顺序约束;

(3) 每道工序一旦开始加工就不能中断;

(4) 同一机床在同一时刻只能加工一道工序,同一工件的同一道工序在同一时刻只能被一台机床加工。

应用三参数表示法,以最大完工时间为优化目标的 PMSP 可表示为 $P_m \parallel C_{max}$。

4.2　并行机调度问题的数学模型

最小化最大延迟时间的异速并行机调度问题可描述为: 有 n 个工件,每个工件可以在包含 m 台机器的并行机组内的任意一台机器上加工,工件在不同机器上的加工时间不同,工件的交货期已提前给定,完工时间晚于交货期视为延迟,目标是使最大延迟时间最小。

最小化最大延迟时间的异速并行机调度问题的混合整数规划模型如下:

设有工件集合 $\{1,2,\cdots,n\}$ 和机器集合 $\{1,2,\cdots,m\}$,$i \in \{1,2,\cdots,n\}$,$k \in \{1,2,\cdots,m\}$。p_i 为工件 i 的加工时间;d_i 为工件 i 的交货期;v_k 为机器 k 的运转速度;M 是一个足够大的正数。

令决策变量:

$$X_{i,k} = \begin{cases} 1, & \text{当工件 } i \text{ 在机器 } k \text{ 上加工} \\ 0, & \text{当工件 } i \text{ 不在机器 } k \text{ 上加工} \end{cases}$$

$$Y_{i,i'} = \begin{cases} 1, & \text{当工件 } i \text{ 在工件} i' \text{后加工} \\ 0, & \text{当工件 } i \text{ 在工件} i' \text{前加工} \end{cases}$$

S_i 为工件 i 的开始加工时间;

L_i 为工件 i 的延迟时间。

目标函数为最小化最大延迟时间,即

$$\min(L_{\max}) = \min_k(\max_i(L_i)), \quad i \in \{1,2,\cdots,n\} \tag{4-1}$$

约束条件为:

$$\sum_{k=1}^{m} X_{i,k} = 1, \quad i \in \{1,2,\cdots,n\} \tag{4-2}$$

$$Y_{i,i'} + Y_{i',i} \leqslant 1, \quad i,i' \in \{1,2,\cdots,n\} \tag{4-3}$$

$$S_i \geqslant 0, \quad i \in \{1,2,\cdots,n\} \tag{4-4}$$

$$S_i + \frac{p_i}{v_k} - M(3 - X_{i,k} - X_{i',k} - Y_{i,i'}) \leqslant S_{i'},$$
$$i,i' \in \{1,2,\cdots,n\}, k \in \{1,2,\cdots,m\}, i \neq i' \tag{4-5}$$

$$L_i \geqslant S_i + \frac{p_i}{v_k} - d_i - M(1 - X_{i,k});$$
$$i \in \{1,2,\cdots,n\}, k \in \{1,2,\cdots,m\} \tag{4-6}$$

$$L_i \geqslant 0, \quad i \in \{1,2,\cdots,n\} \tag{4-7}$$

$$X_{i,k}, Y_{i,i'} \in \{0,1\},$$
$$i,i' \in \{1,2,\cdots,n\}, k \in \{1,2,\cdots,m\}, i \neq i' \tag{4-8}$$

约束(4-2)表示每个工件只允许选择一台机器进行加工,约束(4-3)表示工件的加工顺序约束,约束(4-4)表示工件的开始加工时间不小于 0,约束(4-5)表示同一机器上不能同时加工两个工件,约束(4-6)表示工件延迟时间不小于工件完工时间与交货期之差,约束(4-7)表示工件延迟时间不小于 0,约束(4-8)表示决策变量的取值范围,均为 0-1 的变量。

4.3　并行机调度问题的典型调度规则

在过去几十年的研究中,研究人员提出了许多有效的调度规则用于并行机调度问题的求解,并提供了良好的求解思路和方法。下面对其中两种典型的调度规则进行详细介绍。

4.3.1　最长加工时间优先规则[1]

LPT(longest processing time,最长加工时间)规则是指在零时刻将 n 个任务安排给 m 台机器,当其中有任意一台机器空闲时,优先选择未加工任务中加工时间最长的任务进行加工。在该种规则下,较短加工时间的任务在调度方案中将有较大的概率安排在靠后的位置加工,有利于平衡机器的负载。

在 LPT 规则下生成的调度方案上限可采用定理 4.1 进行计算,其中 $C_{\max}$(LPT)为根据 LPT 规则生成调度方案的制造期,$C_{\max}$(OPT)为最优调度方案的制造期。

定理 4.1　对于 $P_m \| C_{\max}$,有

$$\frac{C_{\max}(\text{LPT})}{C_{\max}(\text{OPT})} \leqslant \frac{4}{3} - \frac{1}{3m}$$

证明　采用反证法。假设存在一个或多个 LPT 规则下的调度方案不满足上述条件,如果上述情况存在,选择其中任务数量最少的方案进行证明,并将该方案记为 s,包含 n 个任务。由于方案 s 满足 LPT 规则,故其加工时间最短的任务 $\boldsymbol{P}_n$ 将被安排在最后的位置进行加工,其开始加工的时间可表示为 $C_{\max}(\text{LPT}) - \boldsymbol{P}_n$。此时,其他机器均为工作状态,即

$$C_{\max}(\text{LPT}) - p_n \leqslant \frac{\sum\limits_{i=1}^{n-1} p_i}{m}$$

移项,可得

$$C_{\max}(\text{LPT}) \leqslant \frac{\sum\limits_{i=1}^{n-1} p_i}{m} + p_n = \frac{\sum\limits_{i=1}^{n} p_i}{m} - \frac{p_n}{m} + p_n = \frac{\sum\limits_{i=1}^{n} p_i}{m} + p_n\left(1 - \frac{1}{m}\right)$$

因为

$$\frac{4}{3} - \frac{1}{3m} < \frac{C_{\max}(\text{LPT})}{C_{\max}(\text{OPT})}$$

故可得

$$\frac{4}{3} - \frac{1}{3m} < \frac{C_{\max}(\text{LPT})}{C_{\max}(\text{OPT})} \leqslant \frac{\sum\limits_{i=1}^{n} p_i/m + p_n(1-1/m)}{C_{\max}(\text{OPT})}$$

又因为

$$C_{\max}(\text{OPT}) \geqslant \sum_{i=1}^{n} p_i/m$$

故

$$\frac{4}{3} - \frac{1}{3m} < \frac{C_{\max}(\text{LPT})}{C_{\max}(\text{OPT})} \leqslant \frac{\sum\limits_{i=1}^{n} p_i/m + p_n(1-1/m)}{C_{\max}(\text{OPT})} \leqslant \frac{p_n(1-1/m)}{C_{\max}(\text{OPT})} + 1$$

可得

$$\frac{4}{3} - \frac{1}{3m} < \frac{p_n(1-1/m)}{C_{\max}(\text{OPT})} + 1$$

则

$$C_{\max}(\text{OPT}) < 3p_n \tag{4-9}$$

由式(4-9)可知,方案 s 须满足其最优解小于 $3p_n$,即最优制造期小于最小加工时间任务的 3 倍时,方能出现上述反例。该种情况意味着对于其最优调度会导致每台机器上最多有两项任务,当任务数增多时,上述反例将不存在。同时上述推理亦可证明,对于每台机器上包含两个加工任务的调度问题,LPT 规则能够得到其最优调度解。

4.3.2　关键路径规则[1]

CP(critical path,关键路径)规则是一条著名的调度规则,适用于求解工序之间具有加工顺序约束的并行机调度问题。在该规则下,具有最长工作链的头节点将优先加工。当问题 $P_m|\text{prec}|C_{\max}$ 中的加工顺序按照树形结构简化为 $P_m|P_j=1$, $\text{tree}|C_{\max}$ 问题后,CP 规则显示了良好的求解效果。

树形结构包括出树和入树,其结构如图 4-1 所示。在入树结构中,没有后续加工任务的唯一节点位于第 1 层,仅以第 1 层节点为后续任务的节点位于第 2 层,后续加工任务中仅包含第 1 层和第 2 层节点的任务位于第 3 层,以此类推。在出树结构中,所有没有后续加工任务的节点位于第 1 层,第 2 层节点其后续加工任务仅包含第 1 层节点,第 3 层节点的后续任务仅包含第 1 层和第 2 层节点,以此类推。入树结构与出树结构的主要区别在于第 1 层的节点数量限制,入树第 1 层仅含有一个节点,出树则包含多个节点。在树形结构中,最高层记为 $l_{\max}$,第 l 层的节点数量记为 $N(l)$,不存在前序加工任务的工件即为起始工件。令

$$H(l_{\max} + 1 - r) = \sum_{k=1}^{r} N(l_{\max} + 1 - k) \tag{4-10}$$

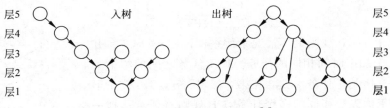

图 4-1　入树和出树结构图[1]

由式(4-10)可以看出，$H(l_{max}+1-r)$ 表示从最高层至 $l_{max}+1-k$ 层内包含的所有节点数目。

定理 4.2　CP 规则对于 $P_m \mid P_j = 1, \text{intree} \mid C_{max}$ 和 $P_m \mid P_j = 1, \text{outtree} \mid C_{max}$ 是最优的。

证明　此处对入树的情况进行证明，以帮助读者自行思考较为容易的出树证明过程。

情况 1　若树形结构满足以下条件：

$$\max_r \left[\frac{\sum_{k=1}^{r} N(l_{max}+1-k)}{r} \right] \leqslant m$$

此时，在每个时间间隔内，所有可加工工件能够安排在合理的工位上完成加工。显然，l_{max} 为完成加工所需的最大时长。由于 l_{max} 即 CP 规则的下界，因此 CP 规则可以得到该种情况下的最优解。

情况 2　假设存在正整数 c 使得

$$\max_r \left[\frac{\sum_{k=1}^{r} N(l_{max}+1-k)}{r+c} \right] \leqslant m < \max_r \left[\frac{\sum_{k=1}^{r} N(l_{max}+1-k)}{r+c-1} \right]$$

即存在一个最小超出时间段 c 使得最高的 r 层工件在 $r+c$ 个单位时间内全部完成加工。令

$$\max_r \left[\frac{\sum_{k=1}^{r} N(l_{max}+1-k)}{r+c-1} \right] = \frac{\sum_{k=1}^{r^*} N(l_{max}+1-k)}{r^*+c-1} > m$$

表明在 r^*+c-1 时刻，最多加工 $m(r^*+c-1)$ 个任务，则对于所有未加工的节点，至少需要 $l_{max}+1-r^*$（剩余层数）个单位时间完成加工。因此，在任意规则下该类调度问题的制造期的下界为：

$$C_{max} \geqslant (r^*+c-1)+(l_{max}+1-r^*) = l_{max}+c$$

对于 CP 规则得到制造期的下界作为练习留给读者证明（习题 3）。

对于加工任务时间相同且具有任意序列优先级约束的并行机调度问题而言，在并行机数量为 2 时，CP 规则的最坏情况为：

$$\frac{C_{\max}(\text{CP})}{C_{\max}(\text{OPT})} < \frac{4}{3} \tag{4-11}$$

例 4.1 （CP 规则最坏情况案例举例说明）考虑 2 台并行机和 6 个加工时间相同的任务。加工任务之间的约束关系如图 4-2 所示。任务 1,2,3 在第 2 层,任务 4,5,6 位于第 1 层。对于优先级相同的多个任务,CP 规则将任意选择一个安排加工。假设一个 CP 规则在 0 时刻首先安排任务 1

图 4-2　例 4.1 图[1]

和任务 2 进行加工,当二者完成后,此刻仅存在任务 3 可加工。当任务 3 在时刻 2 完成后,任务 4 和任务 5 在时刻 2 开始加工,时刻 3 结束加工。最后任务 6 于时刻 3 开始加工,时刻 4 结束加工,加工任务至此全部完成。显然,当时刻 0 选择任务 2 和任务 3 率先开始加工时,任务 1 和任务 6 可以同时进行加工,得到的调度方案制造期将由时刻 4 缩短至时刻 3。

4.4　并行机调度问题的果蝇优化算法

4.4.1　果蝇优化算法的基本原理及流程

智能优化算法:果蝇优化算法

果蝇优化算法（fruit fly optimization algorithm,FOA）[2]是相关学者基于果蝇觅食行为的仿生学原理而提出的群体智能算法。该算法通过模拟果蝇利用嗅觉和视觉寻觅食物并进行捕食的过程,实现对问题解空间的迭代搜索。FOA 原理简单,结构清晰,操作容易,应用便捷,且拥有较强的局部搜索能力。

FOA 自 2012 年提出便在优化领域得到了研究人员的广泛关注,成为智能优化领域的热门求解算法。其主要包括基于嗅觉搜索和基于视觉搜索两个阶段,通过不断地迭代实现种群的进化进而得到最优解。标准的 FOA 算法框架如下[3]:

步骤 1　初始化种群规模、果蝇个体位置、最大迭代步数等参数。

步骤 2　嗅觉搜索阶段。

(1) 在种群中心附近一定区域内随机生成一定数量的果蝇个体。

(2) 评价每个果蝇个体,计算其所在位置的气味浓度值,得到适应度值。

步骤 3　视觉搜索阶段。

(1) 选择适应度最优的果蝇个体。

(2) 更新种群中心。

步骤 4　判断是否满足算法终止条件(最大迭代步数、最大停滞步数等)。若满足则输出最好解,否则转步骤 2 继续进行。

4.4.2　并行机调度问题编码及解码方法

在果蝇算法中,果蝇个体需要采用编码的方式表达进而参与算法的迭代过程

中。并行机调度问题为工件选择加工机器并生成所
有工件无重复排列所得的一维序列,即为个体的编码
过程。工件在序列中从左至右的顺序表明其在相应
机器上的加工顺序。如图 4-3 所示,6 个工件在 3 台
并行机上进行加工,其解码过程需要根据编码方式与

M_1	1	2	3
M_2	5	4	
M_3	6		

图 4-3　个体编码示例[6]

可行调度解之间建立适宜的映射关系,在满足问题约束的情况下,对编码方案进行
解码以得到可行调度解。

4.4.3　初始化方法

种群初始化是智能优化算法中的一个关键问题。最初的研究人员一般采取随
机初始化的方式生成初始种群,难以保证种群的质量,对于载荷不均衡的较差方案
进行优化的过程无疑大大增加了算法的优化任务和求解时间。因此,设计有效的
初始化策略以保证初始种群个体的质量,对于智能算法的快速收敛、提高算法搜索
效率有积极的影响。需要补充说明的是,初始化过程中也不可一味地追求质量,种
群的多样性对于种群的进化同样具有重要的意义。

启发式方法广泛应用于群体智能算法的种群初始化阶段。Lee 和 Pinedo[4] 于
1997 年提出了一种带准备时间的相同并行机问题的种群初始化方法。该方法考
虑准备时间所造成的拖期成本,当每一台机器被释放时,就会为每个未安排的任务
按照拖期成本计算优先级指数,具有最大优先级指数的任务将最先得到分配。J.
H. Lee 等[5] 将 Lee and Pinedo 提出的初始化方法加以改进,对优先级指数的计算
方法进行调整用于求解不相关的并行机问题,取得了一定成效。Xiaolong Zheng
和 Ling Wang[6] 分别针对机器分配和工件排序两个子问题选择相应的启发式算法
进行种群初始化。其中,对于机器分配采取最小加工时间规则[7],在机器分配过程
中为每个工件优先选择其加工时间最短的机器执行加工任务;对于机器上的工件
排序则采取最大处理时间(LPT)规则,通过这样的启发式方法可快速得到一个高
质量的初始解,以指导种群的进一步迭代搜索。

4.4.4　嗅觉和视觉搜索

果蝇算法中的嗅觉和视觉搜索来源于自然界中果蝇的觅食过程。果蝇的嗅觉
器官可以感知飘浮在空气中的各种气味,甚至可以闻到 40km 以外的食物来源。
在它接近食物地点后,敏感的视觉可以帮助果蝇迅速定位食物的位置,从而进行觅
食活动。研究人员在发现果蝇的觅食过程并获得其机理后,按照相应的模式提出
果蝇算法,用于离散组合优化问题的求解。标准 FOA 中的嗅觉搜索和视觉搜索流
程为[2]:

步骤 1　为群体中的每个果蝇个体随机生成距离值及搜索方向。

步骤 2　由于食物的位置无法得知,因此首先估计个体到原点的距离(dist),

然后计算气味浓度判断值(S),这个值是距离的倒数。

步骤3　将嗅觉浓度判断值(S)代入嗅觉浓度判断函数(或称适配度函数),从而得出果蝇个体位置的嗅觉浓度(smelli)。

步骤4　找出气味浓度最大的果蝇,即找出果蝇群中气味浓度最大的个体。

步骤5　保持最佳果蝇个体的气味浓度值和位置信息。在这个时候,果蝇群将使用视觉搜索向该地点飞去。

步骤6　进入迭代优化,重复执行步骤2~步骤4,然后判断气味浓度是否优于上一次迭代的气味浓度,如果是,则执行步骤5。

在求解组合优化问题时,FOA算法需要根据问题特点进行调整,求解连续优化问题的算法不能够直接用于求解离散优化问题,反之亦然。二者之间需要设计合适的方法进行映射,还可以在不改变算法框架的基础上对算法进行调整,以适应问题本身。

Xiaolong Zheng和Ling Wang[6]将FOA算法改进为TAFOA,用于求解带有资源约束的不相关并行机调度问题。在基于气味的搜索中,围绕果蝇群的每个中心位置产生S个新的个体。在TAFOA中,设计了2个搜索运算符来生成新的果蝇个体,第1个操作(表示为OP1)用于改变工件到机器的分配计划,具体操作为通过将最大工作负载上的工件分配至其他较低负载的机器,从而得到新的个体;第2个操作(表示为OP2)用于调整某台机器上工件的处理顺序,具体操作为随机选择1台加工任务大于2的机器,交换其中任意2个任务的加工顺序,从而得到新的个体。在TAFOA中,OP1是改变果蝇所在区域的操作,而OP2是用来进行局部搜索的操作。在基于视觉的搜索过程中,根据目标函数(此处为制造期)对生成的果蝇进行评估,以获得气味浓度值。然后,采用一种贪婪的选择策略来更新每个果蝇群的中心位置。换句话说,每个果蝇群的中心位置将被相应果蝇群中的最佳解决方案所取代,否则,它将保持在原始位置,即中心位置。

4.5　应用案例介绍

在实际应用过程中,半导体制造、汽车零部件制造到钢铁冶炼等诸多行业中均涉及并行机调度模型。以汽车工业为例,汽车上使用着许多部门的产品,而且从毛坯加工到整车装配,需要采用各类加工技术。汽车零件包括大至地板、小至螺钉等数千个不同的部件。实际的汽车生产过程是由若干不同的专业生产厂(车间)合作完成的。为了经济地、高效率地制造汽车,这些专业生产厂(车间)按产品的协作原则组织生产、分工合作。一般来说,发动机、变速器、车轴、车身等主要组成部分由企业自己制造,而轮胎、玻璃、电器、车身内饰件与其他小型零部件等多靠协作,由外面的专业工厂代工生产[8]。

轮毂是汽车零部件的重要组成部分,它位于车轮中心安装车轴的部位,制造工艺相对简单,经低压铸造、机加工和涂装等工艺即可完成加工,其生产线如图 4-4 所示。生产轮毂时,首先需在铸造车间内进行加工,加工内容为将金属加热熔化后倒入预先制成的砂型铸造模具中,待金属冷却后凝固为所需的零部件,然后由机加工车间进行粗车和精车,最后,由涂装车间对轮毂进行涂装上色,得到最终产品,其铸造工艺流程示意图如图 4-5 所示。

图 4-4　轮毂生产线[9]

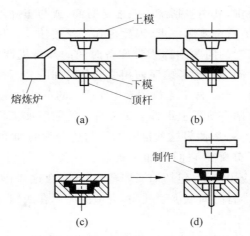

图 4-5　轮毂铸造工艺流程示意图[10]
(a) 金属熔炼；(b) 浇注；(c) 加压；(d) 顶出

　　一个成熟的铸造车间内,一般设置有多个加工工位和多种不同的模具,每种模具仅能加工一种类型的轮毂。因此可以将该铸造车间抽象为带有资源约束的相同并行机调度问题,将工位看作相同的并行机,每个轮毂需要且仅需要选择一个工位进行加工。根据不同铸造工厂的加工情况,还可以将模型进行细化,比如,当各工位具有不同的加工能力时,同一工件在不同工位上的加工速度不同,此时问题模型调整为异速并行机调度问题；当各工位之间不存在任何相关性及各工位上的加工时间任意时,为不相关并行机调度问题。同时,实际调度过程中也许需要考虑模具的使用寿命、维修时间、装载模具和卸载模具的时间等因素。这些因素的研究均属于并行机调度问题的扩展。

在具体的场景中，与加工相关联的因素很多，约束条件复杂，求解过程往往需要对实际问题进行抽象和提炼，提取其中的决策变量，摒弃无关因素的干扰，才能够实现调度理论研究成果对实际问题的良好应用。

4.6　拓展阅读

由于实际生产环境的复杂性，标准的并行机调度模型有时不适合直接用于求解实际问题，不能够完全满足实际问题的需要，因此，衍生出了许多基于并行机调度问题的拓展问题。

4.6.1　考虑准备时间的并行机调度问题

在实际加工过程中，大概率需要进行加工前后的准备工作，如工件的装夹、刀具的更换调整等。因此，一种更为贴合实际生产需要的模式在原问题基础上增加了工件准备时间的考量，其中包括统一的准备时间，或与工件加工序列相关的准备时间，后一种情况更加符合实际需求，因此得到广泛关注。在标准并行机调度问题上考虑了准备时间因素的问题则称为带准备时间的并行机调度问题，准备时间与工件加工顺序相关的问题称为考虑序列相关准备时间的并行机调度问题。序列相关准备时间的定义为：当工件 j 是机器 k 上工件 i 的后续加工任务时，工件 j 所需的准备时间可能与在同一机器上工件 j 为工件 i 的前序加工任务所需的准备时间不同（即 $S_{ijk} \neq S_{jik}$）。一般假设这些准备时间与所分配的加工机器有关，即工件之间的准备时间取决于分配给它们的加工机器。这类问题已经有诸多文献进行研究，在不同的行业中应用广泛，包括油漆和塑料行业，在这些行业中，操作之间需要进行彻底清洁，并且准备时间取决于顺序，类似的应用在纺织、玻璃、化工和造纸行业及一些服务行业也很常见[11-13]。

目前该问题的主要求解方法包括精确算法（分枝定界算法）、启发式方法、群智能算法和混合算法，其主要的求解难点在于设计合理的编解码方案保证解的可行性，实现编码方案到解空间的映射。对于群智能算法和混合算法而言，设计针对问题特征的改进策略是一种能够有效提高解的质量的良好思路。

硅晶圆
是如何
产生的

4.6.2　考虑资源约束的并行机调度问题

在企业的实际生产制造活动中，一些工件不仅需要设备的支持，还需要辅助资源才能够完成。比如在晶圆的制造过程中，光刻机的加工离不开掩膜版的辅助。只有当光刻机和所需要的掩膜版同时可用的情况下才能够进行光刻活动。一种产品对应着一种类型的掩膜版,不同类型的掩膜版之间不可相互替代。同时,掩膜版的售价十分昂贵,一块高达 63 万元人民币,所以对于企业来说一般一种产品只配备一套掩膜版。因此,在晶圆的制造过程中必须考虑到加工资源对调度方案造成的附加约束和影响。除此之外,自动引导车、操作员、工具、托盘、模具等用于处理和加工的资源都属于加工所需的额外资源,且对生产加工具有重要影响。因此,考虑资源约束的并行机调度问题更贴合实际需求,具有重要意义。

辅助资源可以按照其参与的加工区间段、是否可再生和可分割程度进行分类[14]。按照资源参与的加工区间段,可将辅助资源分为加工资源和投入-产出资源,其中加工资源是指参与工件在机器上的整个加工流程的资源;投入-产出资源是指在工件进行加工之前或加工完成之后需要的资源。按照资源的可再生程度,可将辅助资源分为可再生资源、不可再生资源和双重约束资源,其中可再生资源是指如果一项资源在某一时刻的总使用量受到限制,当其完成一项加工任务时,可以继续辅助下一个加工任务的生产加工。不可再生资源是指如果一项资源的总消耗量受到限制,一旦它被某个工件使用,就不能够再执行其他的加工任务。如果一种资源既是可再生的又是不可再生的,那么它就是双重约束资源。按照资源的可分割程度,可将资源分为离散资源和连续资源。其中,离散资源可以从一个给定的有限分配中以离散单位分配给不同的加工任务,而连续资源可以在一个区间内以任意的数量分配给加工任务。

考虑资源约束的并行机调度问题定义为:有 n 个工件在 m 台并行机上加工。在加工中需要一组资源的辅助,每种资源具有一定数量的限制。每种工件加工时需要一定数量的某种资源辅助。调度方案通过为每个工件分配机器,决定每台机器上的加工顺序,为每个工件分配资源以实现目标函数最优,如最小化制造期等。考虑资源约束后的调度问题较原问题更为复杂,因为除了工件的有效分配外,还必须考虑加工工件所需资源限制的问题[15]。

考虑资源约束的并行机调度问题的现有研究方法有精确方法和近似方法。其中,精确算法的研究成果相对较少,原因在于问题是 NP-Hard 问题,解空间过于复杂,难以在有限时间内用精确算法进行求解。因此采用精确算法进行求解时通常会混合启发式规则辅助计算。近似方法包括基于问题的启发式规则、智能优化算法等,这种方法能够在可接受的时间范围内得到近似最优解。智能优化算法的编解码方式往往在传统问题编码方式上增加了一层代表资源分配子问题的编码,解码时需要重新设计满足资源分配约束的解码方法。

4.7　习题

1. 请简述单机调度问题与并行机调度问题的区别。
2. 请解释 $P_m \mid prmp \mid C_{\max}$ 的含义。

3. 完成定理 4.2 的证明,即说明 CP 规则应用于 $P_m | \text{intree}, p_j = 1 | C_{\max}$ 使制造期等于 $l_{\max} + c$。

4. 请举例说明实际生产中常见的并行机调度问题。

5. 请采用 LPT 调度规则求解下表所列的并行机调度问题。

工 件	加 工 信 息		
	机器 1	机器 2	机器 3
1	2	2	2
2	3	3	3
3	5	5	5
4	4	4	4
5	6	6	6
6	10	10	10
7	5	5	5

6. 请设计并行机调度问题采用智能优化算法求解的编、解码方式。

7. 请编程实现果蝇算法求解并行机调度问题。

8. 请简述考虑资源约束的并行机调度问题的分类。

参考文献

[1] PINEDO M. 调度:原理算法和系统[M]. 张智海,译. 北京:清华大学出版社,2007.

[2] PAN W T. A new fruit fly optimization algorithm: taking the financial distress model as an example[J]. Knowledge-Based Systems,2012,26(2):69-74.

[3] 黄元元. EDA 和果蝇算法求解分布式复杂并行机调度问题[D]. 昆明:昆明理工大学,2019.

[4] LEE Y H,PINEDO M. Scheduling jobs on parallel machines with sequence-dependent setup times[J]. Eur J Oper Res,1997,100:464-474.

[5] J. H. LEE,J. M. YU,D. H. LEE. A tabu search algorithm for unrelated parallel machine scheduling with sequence-and machine-dependent setups: minimizing total tardiness[J]. International Journal of Advanced Manufacturing Technology,2013,69(9-12):2081-2089.

[6] X. L. ZHENG, L. WANG. A two-stage adaptive fruit fly optimization algorithm for unrelated parallel machine scheduling problem with additional resource constraints[J]. Expert Systems with Applications,2016,65(15):28-39.

[7] FANJUL-PEYRO L,RUIZ R. Iterated greedy local search methods for unrelated parallel machine scheduling[J]. European Journal of Operational Research,2010,207(1):55-69.

[8] 赵桂范,杨娜. 汽车制造工艺[M]. 北京:北京大学出版社,2008.

[9] 汤彬康,何震宇,张永喆,等. 汽车轮毂瑕疵智能检测系统的设计与开发[J]. 福建电脑,2021,37(7):85-87.

[10] 倪斌庆,曾智,马秋成,等. 负重轮轻质材料的应用及其制造工艺研究进展[J]. 兵器装备

工程学报,2021,42(4):18-25.

[11]　RADHAKRISHNAN S,VENTURA J A. Simulated annealing for parallel machine scheduling with earliness/tardiness penalties and sequence-dependent set-up times[J]. International Journal of Production Research,2000,38,2233-2252.

[12]　FRANCA P M,GENDREAU M,LAPORTE G, et al. A tabu search heuristic for the multiprocessor scheduling problem with sequence dependent setup times. International Journal of Production Economics,1996,43,79-89.

[13]　ARNAOUT J P,RABADI G,MUSA R. A two-stage ant colony optimization algorithm to minimize the makespan on unrelated parallel machines with sequence-dependent setup times[J]. Journal of Intelligent Manufacturing,2010,21(6):693-701.

[14]　EDIS E B,OGUZ C,OZKARAHAN I. Parallel machine scheduling with additional resources:Notation,classification,models and solution methods[J]. European Journal of Operational Research,2013,230(3):449-463.

[15]　PINTO J M,GROSSMAN I E. A logic-based approach to scheduling problems with resource constraints[J]. Computers and Chemical Engineering,1997,21(8),801-818.

第5章

开放车间调度问题及其智能优化算法

算法基础：NP完全问题

　　1974 年，Gonzales 和 Sahni 提出了开放车间调度问题（open-shop scheduling problem，OSP）。开放车间调度是一类典型的 NP-Hard 问题，也是目前研究较为广泛的一类典型调度问题，它广泛存在于质量检测、课程排班、物流配送等领域[1]，对其进行研究具有重要的理论意义和应用价值。

5.1　开放车间调度问题描述

　　经典的 OSP($m \times n$)问题 $O \parallel C_{\max}$ 可以描述为：车间有 n 个工件需在 m 台机器上加工，每个工件有 m 道工序，工序间无先后顺序关系约束。同时，一台机器在任一时刻最多加工一个工件，允许机器空闲；每个工件任意时刻有且仅能被一台机器加工。已知各工件在每台机器上的加工时间，要求确定使某项生产指标最优的调度方案。以最小化最大完工时间为目标，两台机器的开放车间调度问题的三参数表达方法为：$O_2 \parallel C_{\max}$。

5.2　开放车间调度问题的数学模型

　　开放车间调度问题常用混合整数规划模型和析取图模型两种方式进行表达。其中，混合整数规划模型应用最为广泛，是描述调度问题的最基本方法，可以很好地表示调度问题的特点。析取图模型也是描述车间调度问题的一种重要形式，它可直观地表示调度问题的优先关系和加工优先权，同时可以采用图论来分析调度问题。

5.2.1　开放车间调度问题的混合整数规划模型

　　开放车间调度问题是典型的组合优化问题[2]。以完工时间最少为目标，采用

事件点模型构建该问题的数学模型,目标函数是最小化完工时间:

$$f = \min C_{\max} \tag{5-1}$$

约束条件如下:

$$\sum_{t=1}^{n} X_{ijt} = 1, \quad \forall i,j \tag{5-2}$$

$$\sum_{i=1}^{n} X_{ijt} = 1, \quad \forall j,t \tag{5-3}$$

$$\sum_{l=1}^{m} Y_{ijl} = 1, \quad \forall i,j \tag{5-4}$$

$$\sum_{j=1}^{m} Y_{ijl} = 1, \quad \forall i,l \tag{5-5}$$

$$ET_{jt} = ST_{jt} + \sum_{i=1}^{n} (X_{ijt} \times P_{ij}), \quad \forall j,t \tag{5-6}$$

$$ST_{j,t+1} \geqslant ET_{jt}, \quad \forall j,t,t < n \tag{5-7}$$

$$ST_{j',t'} \geqslant ET_{jt} - M \times (4 - Y_{ijl} - Y_{i,j',l} + 1 - X_{ijt} - X_{i,j',t'}),$$
$$\forall i,j,j',l,t,t',l < m \tag{5-8}$$

$$C_{\max} \geqslant ET_{jn}, \quad \forall j \tag{5-9}$$

其中,$C_{\max}$ 表示最大完工时间。X_{ijt} 是 0-1 的变量,表示工件 i 在机器 j 的 t 事件点加工。Y_{ijl} 是 0-1 的变量,表示工件 i 在机器 j 上加工的工序排在工件 i 的第 l 个事件点上。ST_{jt},ET_{jt} 表示机器 j 的事件点 t 的开始时间和结束时间。M 是足够大的数,n 表示工件数量,m 表示机器数量。

式(5-1)表示目标函数,最大完工时间最小。式(5-2)表示工件 i 在机器 j 上加工且仅加工一次。式(5-3)表示机器 j 的事件点 t 上有且仅加工一个工件。式(5-4)表示工件 i 的第 j 道工序在工件排序中有且仅安排一次。式(5-5)表示工件 i 的第 l 个事件点有且仅有一道工序。式(5-6)表示机器 j 的事件点 t 的完工时间是其开始时间与加工工件的加工时间之和。式(5-7)表示机器 j 的事件点 $t+1$ 的开始时间,必须等待其前一事件点的工序完工后才能开始。式(5-8)表示工件 i 的某道工序必须等待前道工序完工才能开始。式(5-9)表示最大完工时间必须大于等于所有机器上最后一个事件点的完工时间。

5.2.2　开放车间调度问题的析取图模型

析取图模型主要由一系列节点和连接弧组成,用于表达一般调度问题的可行调度方案[3],如果调度目标是正则的,可行调度集中往往包含最优解。因此,析取图模型被用来构建最优调度。

针对一般的调度问题,析取图 $G = (V,C,D)$ 的定义如下:

V 是节点集,表示所有工件的工序。此外,这里存在两类特殊节点,源节点 $0 \in V$ 和终节点 $S \in V$。每个节点有权重,0 和 S 的权重为零,其他节点的权重是对应工序的加工时间。

C 是有向连接弧集,这些弧代表工序的优先关系。此外,源节点与没有前序的工序、没有后序的工序和终节点均采用连接弧连接。

D 是无向析取弧集。同属相同工件且没有连接弧连接的工序对及同属相同机器加工且没有连接弧连接的工序对,均采用无向析取弧连接。

对于问题规模为 $m \times n$ 的开放车间调度问题,析取图模型中共有 $m \times n$ 个节点,对应调度问题中的 $m \times n$ 个工序。此外,还有两个节点,分别是 0 节点和 S 节点,0 节点表示析取图的开始节点,$S(S = m \times n + 1)$ 节点表示结束节点。析取图中的有向析取弧代表加工工序的先后顺序。每两个相邻工序之间只能选取一条有向析取弧,表示每台机器一次只能加工一个工序,在同一时间,一个工序不能在两台机器上加工。若析取图中节点之间的有向析取弧未首尾相连形成封闭空间,则表示每两个加工工序之间不能互为前序或后序。一个可行的调度方案由未封闭的若干节点和有向析取弧组成,每个节点上的权值代表该工序的加工时间。对于开放车间调度问题,不约束工序和机器的加工顺序,故在未进行调度时采用无向线段连接各个工序,表明加工工序之间的顺序可以进行更改,如图 5-1 所示。

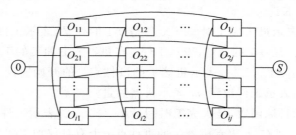

图 5-1　开放车间调度的析取图

调度决策是确定析取弧连接的工序顺序,即将析取弧调整为有向弧的过程。定义选择 S 是有向析取弧集合,S 是完整选择必须满足的条件是:

(1) 每个析取弧是有向的。

(2) 最终有向图 $G(S) = (V, C \cup S)$ 是非循环的。

在开放车间调度问题的析取图模型中,每个非连通的有向析取图代表该问题中的一个可行解。它的关键路径就是开始节点 0 到结束节点 S 之间的最大距离,关键路径的长度代表了该可行解的优劣性,一个析取图可以有多条关键路径。

例 5.1　表 5-1 给出了一个加工机器数量为 $m = 3$、工件数量 $n = 3$ 的开放车间调度问题的小规模案例。图 5-2 给出了该案例的一种 S 完整选择,代表了该案例一种调度方案的非连通图,其中粗实线路径表示该调度方案的一条关键路径(该可行解为:4→1→2→5→7→3→6→9)。

表 5-1　工序的加工时间表

工　件	机器 1	机器 2	机器 3
1	4	6	2
2	6	5	3
3	5	7	2

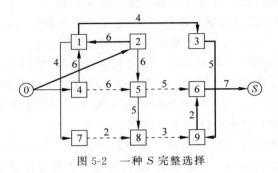

图 5-2　一种 S 完整选择

从析取图中可以观察到,机器 1 上的加工顺序为工件 2→工件 1→工件 3,机器 2 上的加工顺序为工件 1→工件 2→工件 3,机器 3 上的加工顺序为工件 1→工件 2→工件 3。根据工序的加工时间表可以得出,该案例的可行调度方案目标值,即最大完工时间(makespan)为 24。

5.3　开放车间调度问题的典型调度规则

对于 $m=2$ 的 OSP 问题,T. Gonzalez 和 S. Sahni 设计了多项式算法,其能在多项式时间内求解到最优解[4]。1995 年,Pinedo 提出的 LAPT 启发式规则(longest alternate processing time first)也能在多项式时间内解决此问题。

LAPT 是指当一台机器空闲时,从待加工工件中选择另一台机器上加工时长最大的工件开始加工。零时刻,两台机器均空闲,相同数量的工件在两台机器上先加工。在这种情况下,工件在哪台机器上先加工没有关系。根据 LAPT 规则,一旦某台机器空闲,已在另一台机器上加工的工件具有最低的优先权,即为零。因此,在另一台机器上已加工的两个工件的优先权是没有差异的。

定理 5.1　对于 $O_2 \| C_{\max}$ 而言,由 LAPT 规则可以获得 makespan 最小的最优调度:

$$C_{\max} = \max\Big(\max_{j \in \{1,2,\cdots,n\}} (p_{1j} + p_{2j}), \sum_{j=1}^{n} p_{1j}, \sum_{j=1}^{n} p_{2j}\Big)$$

证明　不失一般性,假设加工时长最长的操作是操作 $(1,k)$,即

$$p_{ij} \leqslant p_{1k}, \quad i = 1,2, j = 1,2,\cdots,n$$

LAPT 更通用的描述方法如下:如果操作 $(1,k)$ 是最长的操作,那么工件 k 必

须零时刻在机器 2 上加工,在机器 1 上尽可能拖期加工。即工件 k 在机器 1 上的优先权始终低于其他可选操作,仅当机器 1 上没有可选机器加工时才进行加工。这种情况仅发生在工件 k 是最优一个操作,或者是最后第二个操作且最后一个操作在机器 2 上加工。剩下的 $n-1$ 个工件的 $2(n-1)$ 个操作可以任意顺序在两台机器上加工,但是不允许强加空闲。

由此,这个规则将获得最小的 makespan,具体如下:

如果调度方案在两台机器上没有空闲,毫无疑问是最优的调度方案。但是,如果机器 1 或机器 2 上存在空闲,将会出现以下两种情形:

情形 1 假设机器 2 上存在空闲。如果是这种情况,机器 2 上只有一个工件待加工,且该工件还在机器 1 上加工。记为工件 l,当工件 l 在机器 2 上加工,工件 k 在机器 1 上加工,且 $p_{1k} > p_{2l}$ 时,则 makespan 取决于工件 k 在机器 1 上的完工时间,并且机器 1 上没有空闲。此方案是最优的。

情形 2 假定机器 1 上存在空闲。仅当除了工件 k 其他所有操作均已经在机器上完工,且工件 k 在机器 2 上正在加工时,机器 1 才会存在空闲。Makepan 等于 $p_{2k} + p_{1k}$,且方案是最优的。

例 5.2 某开放车间有 2 台机器,有 4 个工件等待加工,具体加工参数见表 5-2。请采用 LAPT 规则生成该问题的最优解。

表 5-2 例 5.2 的加工时间表

项 目	工件 1	工件 2	工件 3	工件 4
机器 1	4	5	3	7
机器 2	3	2	6	4

解 首先,确定具有最长加工时长的操作,即操作 $(1,4)$,其时长为 7,安排其在机器 2 上优先加工,在机器 1 上最后加工。其次,剩余的操作只需满足没有机器空闲就可以,采用机器 1 上的加工顺序为工件 1,2,3,4,机器 2 上的加工顺序是工件 4,1,2,3,甘特图如图 5-5 所示。

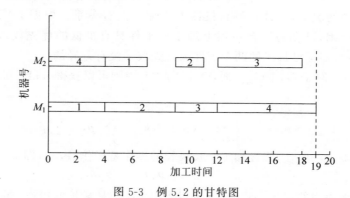

图 5-3 例 5.2 的甘特图

5.4 开放车间调度问题的典型智能优化算法

分枝定
界算法

对于 $m \geqslant 3$，T. Gonzalez 和 S. Sahni 证明是 NP 完全问题，也就是说问题的求解难度随着问题的规模呈指数级增长。目前，OSP 求解算法分为确定型算法和近似算法[5-8]。确定型算法有分枝定界法、数学规划法等，此类方法由于不能在多项式时间内得到最优解，只能应用于较小规模问题的求解。近似算法，如调度规则和智能优化算法，可以在有限时间内获得较好解。但是调度规则的设计需要丰富和扎实的专业知识和实际经验，目前的研究主要集中在智能优化算法，如遗传算法、蚁群算法（ant colony optimization，ACO）、模拟退火算法、粒子群优化算法等。以 $m \times n$ 的开放车间调度问题为例，其可行解的搜索空间为 $(n!)^m$，运用元启发式算法能在较短时间内得到调度问题的较优解，有更高的实用性和优越性[9]。下面以粒子群优化算法（PSO）为例，介绍如何采用智能优化算法解决 OSP 问题。

5.4.1 粒子群优化算法的基本原理

粒子群优化算法是由美国心理学家 Kennedy 和电气工程师 Eberhart 于 1995 年提出的基于群体智能的概率寻优算法，它模仿鸟类的觅食行为[10]。鸟类在搜索食物的过程中，个体之间可以进行信息交流和共享，每个个体可以得益于其他成员的发现和飞行经历。当食物源不可预测地零星分布时，这种协作带来的优势是决定性的，远大于对食物的竞争带来的劣势。

PSO 在求解优化问题时，问题的解对应于搜索空间中一只鸟的位置，这些鸟称为"粒子（particle）"或"主体（agent）"。每个粒子有自己的位置和速度（决定飞行的方向和距离），以及自适应函数值（由优化函数决定），用以表征问题的一个候选解。D 维搜索空间中的第 i 个粒子的位置和速度可分别表示为 $\boldsymbol{X}_i = [x_{i,1}, x_{i,2}, \cdots, x_{i,d}]$ 和 $\boldsymbol{V}_i = [v_{i,1}, v_{i,2}, \cdots, v_{i,d}]$。每个粒子记忆、追随当前的最优粒子，问题的解空间类比于鸟类的飞行空间。

每次迭代优化过程不完全随机。通过评价各粒子的适应度函数值，第 $t+1$ 次迭代每个粒子，通过追随两个"极值"来更新自己：一个是粒子本身所找到的最好解，称作个体极值（用 pbest 表示最佳位置）；另一个是群体所发现的最好解，称作全局极值（用 gbest 表示最佳位置）。找到两个极值后，粒子根据式（5-10）和式（5-11）更新速度和位置。迭代优化过程所寻找的最优解则等同于鸟类寻找食物的过程。

$$v_{i,j}(t+1) = wv_{i,j}(t) + c_1 r_1 (\text{pbest} - x_{i,j}(t)) + c_2 r_2 (\text{gbest} - x_{i,j}(t))$$

$$(5-10)$$

$$x_{i,j}(t+1) = x_{i,j}(t) + v_{i,j}(t+1) \qquad (5-11)$$

其中，w 是惯性权重因子，c_1 和 c_2 是加速系数（或称为学习因子），分别调节向全局最好粒子和个体最好粒子方向飞行的最大步长,若太小,则粒子可能远离目标区域,若太大则会导致突然向目标区域飞去,或飞过目标区域。合适的 c_1 和 c_2 可以加快收敛且不易陷入局部最优,通常令 c_1 和 c_2 等于 2。r_1 和 r_2 是 $[0,1]$ 之间的随机数。此外,通过设置粒子的速度区间 $[v_{min}, v_{max}]$ 和位置范围 $[x_{min}, x_{max}]$ 可限制粒子的移动。

5.4.2　粒子群优化算法的流程

为了使面向连续优化问题的标准粒子群优化算法适用于解决开放车间调度问题,在此主要通过解的表达与 ROV 规则对 OSP 算法进行处理,使之适应最小化最大完工时间的 OSP 问题。其算法流程如下:

步骤 1　随机初始化粒子种群,即确定种群中每个粒子的初始速度和位置。

步骤 2　评价每个粒子。

步骤 3　更新每个粒子的个体极值 pbest 和全局极值 gbest。

步骤 4　根据式(5-10)和式(5-11)更新每个粒子的速度和位置。

步骤 5　若满足终止条件,输出 gbest 及其适应度值,否则转向步骤 2。

5.4.3　编码与解码

编码是粒子位置的表示方式,是设计粒子群优化算法后续操作的基础。编码必须考虑码的可行性、所表征空间的完全性和冗余性。针对开放车间调度问题,其粒子群优化算法的编码可以归纳为:基于操作的编码、基于优先权的编码、基于机器-工件的编码、基于析取图的编码和基于先后表的编码等。

1. 基于操作的编码

根据开放车间调度的混合整数规划模型,基于操作的编码有两个问题:确定每个工件各工序的加工顺序和每台机器上各工件的加工顺序。虽然粒子的位置矢量 $\boldsymbol{X}_i = [x_{i,1}, x_{i,2}, \cdots, x_{i,d}]$ 本身无法直接表示工序的加工顺序,但每个位置分量的值有大小次序关系。ROV 规则就是利用这种次序关系和随机键编码,将粒子的连续位置 $\boldsymbol{X}_i = [x_{i,1}, x_{i,2}, \cdots, x_{i,d}]$ 转换为离散的加工排序 $\pi = [1, 2, \cdots, N]$,即工件的工序排序和机器上的工件排序,从而计算粒子所对应的调度方案目标值。这种转化无须修改 PSO 算法的进化操作,并且能保证调度方案的可行性。

ROV 规则具体描述为:对于一个粒子的位置矢量,首先将值最小的分量位置赋予 ROV 值为 1,其次将值第二小的分量位置赋予 ROV 值为 2,以此类推,直到将所有分量位置赋予一个唯一的 ROV 值,该 ROV 值序列即为一个工序序列。考虑到粒子的位置矢量中可能存在相同的分量位置,若出现这种情况,可以随着位置的增加依次将这些位置上的值累积加一个足够小的整数,使得粒子的各位置分量值互不相同,同时也不影响粒子的位置值信息。

以一个 3 台机器和 3 个工件的开放车间调度为例,粒子的位置为 9 维矢量,假设位置矢量为 $\boldsymbol{X}_i = [0.05, 1.87, 0.98, 2.11, 1.56, 0.61, 3.72, 0.82, 1.93]$,则赋予值最小的 0.05 的分量位置 ROV 值为 1,赋予次小的 0.61 对应的分量位置 ROV 值为 2,以此类推,从而得到工序排序,即 $\pi = [1, 6, 4, 8, 5, 2, 9, 3, 7]$,此工序排序可以解码为表 5-3 的有序工序表。

机器 1:工件 1→工件 2→工件 3。

机器 2:工件 3→工件 2→工件 1。

机器 3:工件 2→工件 3→工件 1。

工件 1:机器 1→机器 2→机器 3。

工件 2:机器 3→机器 2→机器 1。

工件 3:机器 2→机器 3→机器 1。

表 5-3　粒子位置-ROV 值-工件-机器对应关系

分量位置	1	2	3	4	5	6	7	8	9
位置分量值	0.05	1.87	0.98	2.11	1.56	0.61	3.72	0.82	1.93
ROV 值	1	6	4	8	5	2	9	3	7
工件	1	2	2	2	2	1	3	3	3
机器	1	3	1	2	2	2	3	3	1

2. 基于优先权的编码

基于优先权的编码将粒子位置矢量用一个 $n \times m$ 的优先矩阵 $\boldsymbol{X}^k$ 来表示。

$$\boldsymbol{X}^k = \begin{bmatrix} x_{11}^k & x_{12}^k & \cdots & x_{1m}^k \\ x_{21}^k & x_{22}^k & \cdots & x_{2m}^k \\ \vdots & \vdots & & \vdots \\ x_{n1}^k & x_{n2}^k & \cdots & x_{nm}^k \end{bmatrix}$$

其中,x_{ij}^k 为一个实数,代表操作 O_{ij}^k 的优先权;k 是迭代次数。根据优先权矩阵,每次从可选候选集中选择优先权值大的先调度,直至可选候选集为空集,最终解码为一个活动调度。

仍以一个 3 台机器和 3 个工件的开放车间调度为例,其第 k 次迭代的优先矩阵为:

$$\boldsymbol{X}^k = \begin{bmatrix} 0.87 & 0.79 & 1.23 \\ 0.63 & 0.32 & 0.98 \\ 0.23 & 1.32 & 0.11 \end{bmatrix}$$

开放车间仅受机器资源抢占约束,可选候选集是所有剩余工件集。因此,根据矩阵 $\boldsymbol{X}^k$ 的实数大小,即工件的权重,得到工序排序为(3-2,1-3,2-3,1-1,1-2,2-1,2-2,3-1,3-3)。采用基于优先权的编码方式可以直接采用粒子群优化算法的速度与位置更新公式,并可解码为一个活动调度。

3. 基于机器-工件的编码

基于机器-工件的编码将粒子位置矢量用一个 $m \times n$ 的优先矩阵 $\boldsymbol{X}^k$ 来表示。

$$\boldsymbol{X}^k = \begin{bmatrix} x_{11}^k & x_{21}^k & \cdots & x_{n1}^k \\ x_{12}^k & x_{22}^k & \cdots & x_{n2}^k \\ \vdots & \vdots & & \vdots \\ x_{1m}^k & x_{2m}^k & \cdots & x_{nm}^k \end{bmatrix}$$

其中,x_{ij}^k 为一个实数,代表操作 O_{ij}^k 的优先权,k 是迭代次数。根据每行向量的位置值可确定每台机器上的工件加工次序;根据每列向量的位置值,可确定每个工件的工序次序;按照每台机器不可空闲,除非无待加工工件,调度所有工件,直至所有工件加工完毕为止。

基于析取图和先后表等编码方式可参阅相关文献,在此不再详述。这些方法在粒子群优化算法中还没有得到足够的重视,设计更新颖、更有效的编码方式是解决开放车间调度问题的重要研究方向。解码策略可采用 2.4 节的无延迟调度、活动调度、半活动调度中的任意一种。

5.4.4　种群初始化

种群初始化的基本要求是种群具备比较好的差异性和分布性,同时也要求解的质量较好。种群的初始化采用随机初始化方式产生,初始时刻,每个位置的分量值是[0,1]的随机数,同时将种群中的最优个体初始化记忆库。粒子自身初始化其个体极值库。当算法迭代到一定次数而最优解没有变化时,重新初始化种群。

5.4.5　粒子的更新

粒子的更新包括位置和速度更新,采用式(5-10)和式(5-11)更新。粒子速度的更新包括三部分:

第一部分反映粒子当前速度的影响,起到了平衡全局和局部的搜索能力。

第二部分反映了认知模式(cognition modal)的影响,使粒子具有全局搜索能力,避免陷入局部极小。

第三部分反映社会模式(social modal)的影响,体现了粒子的信息共享。

在这三部分的共同作用下,粒子根据历史经验并利用信息共享机制,不断调整自己的位置,以期找到问题的最优解。

位置和速度的更新可能存在较大的变化;为了避免过大或太小的位置值和速度值指引粒子陷入局部最优,通过设定速度区间和位置范围加以限制。速度区间设定为[-1,1],位置范围设定为[0,20]。

5.4.6　记忆库的更新

在完成对粒子的更新后,需要记录当代种群中的优秀个体,因此需要对记忆库进行更新。为了保持记忆库的多样性,可以采取如下更新策略:

(1) 如果种群个体跟记忆库中的某个体的适应度值相等,则替换记忆库个体。

(2) 如果种群个体优于记忆库中最差的个体,则替换此记忆库个体。

对于个体极值记忆库可以采取类似的更新策略。

5.4.7　终止准则

当迭代次数达到最大迭代次数时终止程序。为了避免算法迭代过程中始终保留在局部最优解,即当前最优解连续一定的迭代次数没有更新,可通过算法的重启机制,初始化当前种群。

5.4.8　实验结果与分析

上述 PSO 算法采用 MATLAB 编程,在 Intel(R) Core(TM) i5-3340 CPU @ 3.10 GHz 3.3. GHz 的计算机上运行。这里采用基于操作的编码方式和基于活动调度的解码,测试了 Taillard 提出的 60 个标准测试问题,采用 Tai_$*$×$*$_$*$ 来标记,其中最小的问题有 16 道工序(4 个工件和 4 台机器),最大的实例包含 400 道工序(20 个工件和 20 台机器)。

Taillard 提出的 60 个标准测试问题

Taillard 实例的求解见表 5-4。在算法运行过程中,粒子群算法的相关参数设置为:种群数量为 200,惯性权重因子 $w=0.8$,自我学习因子 $c_1=0.5$,群体学习因子 $c_2=0.5$,位置限制 0~20,速度限制 -1~1,最大迭代次数为 100。

表 5-4　Taillard 问题的调度结果

问题	PSO	问题	PSO	问题	PSO	问题	PSO
T4-1	193	T7-6	460	T5-1	300	T10-6	545
T4-2	236	T7-7	435	T5-2	262	T10-7	623
T4-3	271	T7-8	426	T5-3	328	T10-8	606
T4-4	250	T7-9	460	T5-4	310	T10-9	606
T4-5	295	T7-10	400	T5-5	329	T10-10	604
T4-6	189	T15-1	956	T5-6	312	T20-1	1215
T4-7	201	T15-2	957	T5-7	305	T20-2	1332
T4-8	217	T15-3	899	T5-8	300	T20-3	1294
T4-9	261	T15-4	946	T5-9	353	T20-4	1310
T4-10	217	T15-5	992	T5-10	326	T20-5	1301
T7-1	438	T15-6	959	T10-1	652	T20-6	1252
T7-2	449	T15-7	931	T10-2	596	T20-7	1352
T7-3	479	T15-8	916	T10-3	617	T20-8	1269
T7-4	467	T15-9	951	T10-4	581	T20-9	1322
T7-5	419	T15-10	935	T10-5	657	T20-10	1284

5.5　应用案例介绍

　　某企业物资检测车间可简化为开放车间调度问题,该车间包含 18 类常见试件,共设有 7 个检测机器。18 类常见试件包括油浸式配电变压器、干式配电变压器、油浸式变电站、干式变电站、油浸式电抗器、干式电抗器、油浸式电流互感器、电流互感器、电磁式电压互感器、电容式电压互感器、避雷器、消弧线圈成套设备、断路器、高压开关柜、隔离及接地开关、环网柜、柱上开关、电缆分枝箱。每个试件均需在 7 个检测机器上进行检测,检测顺序任意,同一检测机器同一时刻只能检测一个试件,一个试件同一时刻至多在一台检测机器上检测,需要确定每类试件在检测机器上的检测顺序,并给出每个待检测试件的开始检测时间。该实例就可以采用 PSO 算法进行求解。

5.6　拓展阅读

　　柔性开放车间调度(FOSP)是经典的开放车间调度(OSP)问题的扩展[11,12],此时的机器具有多台相同功能的并行机,工件可以在同种机器中的任何一台上加工,且各并行机之间也没有先后约束。采用三参数法$(\alpha|\beta|\gamma)$表示为:$O_m(P)\|C_{\max}$。其问题通常描述为:在一个工作车间里由 n 个需要加工的工件可以在 m 台机器上进行加工,而且每种机器存在多台功能完全相同的并行机;每个工件有 m 道工序,每道工序的加工时间是已知的,但是不规定每个工件的加工顺序,即工件的加工顺序是任意的,一台机器在同一时刻只能加工一个工件,一个工件不能同时在两台机器上加工,每个工件在同一时刻也只能在某一台机器上加工,而且每道工序在开工过程中必须是连续的,不允许被中断。最终需要求得一组机器与工件的排列组合使加工完所有工件所用的时间最短,效率最高。

5.7　习题

1. 简答题

(1) 请采用三参数法表示目标函数为拖期最小的开放车间调度问题。

(2) 什么是开放车间调度问题?其与单机调度的区别是什么?

(3) 请描述基于操作的编码方法的特点。

(4) 请简述采用粒子群优化算法求解开放车间调度的步骤。

2. 计算题

（1）某开放车间有 2 台机器，有 5 个工件等待加工，具体加工参数见下表。请采用 LAPT 规则生成该问题的最优解。

机器号	工件 1	工件 2	工件 3	工件 4	工件 5
机器 1	5	4	2	3	8
机器 2	4	6	3	7	1

（2）某检测车间是典型的开放车间，该车间包含 4 个工件，3 台机器，每个工件均需在 3 台机器上检测，其加工时间见下表。

工件号/机器号	M_1	M_2	M_3
J_1	4	5	3
J_2	6	5	7
J_3	2	3	6
J_4	4	6	5

① 请给出一种基于操作的编码方式；
② 请给出问题①编码的调度甘特图。

3. 扩展题

（1）除基于事件点建立开放车间调度的数学规划模型之外，请查阅相关文献，采用其他方法建立开放车间调度的数学规划模型。

（2）查阅 3.4 节遗传算法及相关文献，完成遗传算法求解开放车间调度问题的程序。

参考文献

[1] 何铁芳.基于改进广义粒子群优化的开放车间调度方法研究[D].武汉：华中科技大学,2009.

[2] 王军强,郭银洲,崔福东,等.基于多样性增强的自适应遗传算法的开放式车间调度优化[J].计算机集成制造系统,2014,20(10)：2479-2493.

[3] 陈祥,朱传军,张超勇.基于文化基因算法的开放车间调度问题研究[J].工业工程,2018,21(6)：20-26.

[4] PINEDO M.调度：原理、算法和系统[M].2 版.北京：清华大学出版社,2005.

[5] BRASEL H,HERMS A,MORIG M,et al. Heuristic constructive algorithms for open shop scheduling to minimize mean flow time[J]. European Journal of Operational Research, 2008,189(3)：856-870.

[6] BLUM C. Beam-ACO-Hybridizing ant colony optimization with beam search：an application to open shop scheduling[J]. Computers and Operations Research,2005,32(6)：

1565-1591.

[7] HUANG Y M, LIN J C. A new bee colony optimization algorithm with idle-timebased filtering scheme for open shop scheduling problems[J]. Expert Systems with Applications, 2011, 38(5): 5438-5447.

[8] HOSSEINABADI A, VAHIDI J, SAEMI B, et al. Extended genetic algorithm for solving open-shop scheduling problem[J]. Soft Computing, 2019, 23(13): 5099-5116.

[9] 高亮, 高海兵, 周驰. 基于粒子群优化的开放式车间调度[J]. 机械工程学报, 2006, 42(2): 129-134.

[10] 王凌, 刘波. 微粒群优化与调度算法[M]. 北京: 清华大学出版社, 2011.

[11] BAI D, ZHANG Z H, ZHANG Q. Flexible open shop scheduling problem to minimize makespan [J]. Computers and Operations Research, 2016, 67: 207-215.

[12] 李振国. 基于布谷鸟算法的柔性开放车间调度与方法研究[D]. 武汉: 华中科技大学, 2019.

第6章

流水车间调度问题及其智能优化算法

1954 年，Johnson 提出了一种简单的算法求解双机流水车间调度问题[1]，从此流水车间问题（flow-shop scheduling problem，FSP）进入研究者的视野，并成为了最著名的生产调度问题之一。流水车间调度问题在 1979 年已被证明是 NP-Hard 问题[2]，并广泛存在于炼钢连铸生产、电子产品生产等各种制造行业中，具有重要的研究意义。

6.1 流水车间调度问题描述

一般流水车间的调度问题可以描述为：有 n 个独立的工件按照相同的工艺路线在 m 台机器上加工，每个工件需要经过 m 道工序，这些工序分别要求不同的机器，并且各工序的加工过程不能中断。所有工件在零时刻可以加工；机器可以连续工作并且机器之间存在无限大的缓冲区；一个工件同一时刻有且只能在一台机器上加工，一台机器同一时刻有且只能加工一个工件。该问题要求确定各工件的加工顺序，即一个加工序列，使得某项生产指标最优。例如，优化最大完成时间有利于提高生产率，优化总流经时间可以均衡地利用生产资源和减小在线库存，优化机器闲置时间则可以提高机器的利用率。应用 Graham 于 1979 年[3] 提出的三参数表示法，根据目标的不同[4]，以最大完工时间为优化目标的 FSP 可表示为 $F_m \parallel C_{\max}$；以总流经时间为优化目标的 FSP 可以表示为 $F_m \parallel \sum_{j=1}^{n} F_j$；以机器闲置时间为优化目标的 FSP 可以表示为 $F_m \parallel \sum_{j=1}^{m} I_j$。显然，上述问题的解空间规模均为 $(n!)^m$。

走进工厂：PCB线路板是如何制造出来的

6.2 流水车间调度问题的数学模型

流水车间调度问题的数学模型可以描述为：令 $\pi = \{\pi_1, \pi_2, \cdots, \pi_n\}$ 为所有工件的一个排序，$x_{jk}(j=1,\cdots,n; k=1,\cdots,n)$ 作为 0-1 的变量来表示该排序，$p_{j,i}$ 和 $C_{i,j}$ 分为工件 i 在机器 j 上的加工时间和完成时间，则最小化最大完成时间的 FSP 的数学描述如下：

$$\min(C_{\max}(\pi))$$

$$
\begin{cases}
\sum\limits_{j=1}^{n} x_{jk} = 1, & k=1,2,\cdots,n \\[2mm]
\sum\limits_{k=1}^{n} x_{jk} = 1, & j=1,2,\cdots,n \\[2mm]
C_{1,1} \geqslant \sum\limits_{j=1}^{n} x_{j,1} p_{1,j} & \\[2mm]
C_{k+1,i} \geqslant C_{k,i} + \sum\limits_{j=1}^{n} x_{j,i} p_{k+1,j}, & k=1,2,\cdots,m; i=1,2,\cdots,m \\[2mm]
C_{k,i+1} \geqslant C_{k,i} + \sum\limits_{j=1}^{n} x_{j,i+1} p_{k,j}, & k=1,2,\cdots,m; i=1,2,\cdots,m
\end{cases}
\tag{6-1}
$$

其中，约束条件分别代表：保证调度为所有工件的完整排列；保证初始完工时间；工件在该阶段的完工时间必须大于等于上一阶段工件的完工时间和该阶段加工时间的和；机器加工该工件的完工时间必须大于等于上一个工件的完工时间与该工件的加工时间和。

6.3 流水车间调度问题的典型调度规则

6.3.1 NEH 算法[8]

NEH(Nawaz-Enscore-Ham)算法的基本思想是赋予总加工时间长的工件更高的加工优先权，即首先计算各工件在所有机器上的加工时间和，并按递减顺序排列，然后将前两个工件进行最优调度，进而依次将剩余工件逐一插入已调度的工件排列中的某个位置，使得调度指标最小，直到所有工件调度完毕，从而得到一个近优调度解。记 $\pi = \{\pi(1), \pi(2), \cdots, \pi(K)\}$ 为已调度工件构成的排列，K 为 π 的工件数，$\pi(j,k)$ 表示将工件 j 插入 π 的位置 k，则 NEH 算法的步骤如下：

步骤 1　按照各工件的总加工时间 $T_j = \sum\limits_{i=1}^{m} p_{j,i}, j \in \{1,2,\cdots,n\}$，按照 T_j 非增顺序排列各工件，得到初始排列 $\pi^0 = \{\pi^0(1), \pi^0(2), \cdots, \pi^0(n)\}$。

步骤 2　取出 π^0 的前两个工件 $\pi^0(1)$ 和 $\pi^0(2)$ 构成两个部分排列 $\{\pi^0(1), \pi^0(2)\}$ 和 $\{\pi^0(2), \pi^0(1)\}$，分别评价这两个部分调度，并将具有最大完成时间中较小的一个作为当前调度，记为 $\pi = \{\pi(1), \pi(2)\}$，并令 $j=3$。

步骤 3　取出 π^0 的第 j 个工件 $\pi^0(j)$，将其插入 π 的所有可能的位置，共得到 j 个部分排列，评价所得各部分排列，并将其最大完成时间中最小的部分排列作为当前调度 π。

步骤 4　若 $j=j+1$，且 $j \leqslant n$，则转步骤 3；否则输出排列 π，算法结束。

NEH 算法共评价 $\dfrac{(n-1)(n+2)}{2}$ 个排列，如果直接评价每个排列，其时间复杂度为 $O(mn^3)$。基于插入邻域的快速评价技术，Taillard[10] 将 NEH 算法的时间复杂度降低为 $O(nm^2)$。

例 6.1　设有一个简单的 $F_2|\{1,2\}|C_{\max}$ 问题，其加工数据为：

$$p_{i,j} = \begin{bmatrix} 20 & 5 \\ 15 & 10 \\ 14 & 10 \\ 10 & 8 \end{bmatrix}$$

(1) 由 NEH 算法步骤 1 得到其初始排序 $\pi^0 = \{1,2,3,4\}$。

(2) 由 NEH 算法步骤 2 得到其初始排列 $\pi = \{2,1\}$。

(3) 将 $\pi_3^0 = 3$ 插入 $\pi = \{2,1\}$ 的不同位置，可得到三个排列 $\{3,2,1\}$，$\{2,3,1\}$，$\{2,1,3\}$。其中排列 $\{3,2,1\}$ 得到了最小的最大完成时间 54。

(4) 将 $\pi_4^0 = 4$，插入 $\pi = \{3,2,1\}$ 的不同位置，可得到四个排列 $\{4,3,2,1\}$，$\{3,4,2,1\}$，$\{3,2,4,1\}$，$\{3,2,1,4\}$。四个排列的甘特图如图 6-1 和图 6-2 所示。其中排列 $\{4,3,2,1\}$，$\{3,4,2,1\}$，$\{3,2,4,1\}$ 均得到了最小的最大完成时间 64。

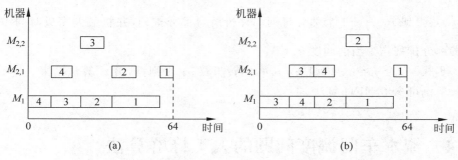

图 6-1　排列 $\{4,3,2,1\}\{3,4,2,1\}$ 的甘特图

(a) $\{4,3,2,1\}$ 甘特图；(b) $\{3,4,2,1\}$ 甘特图

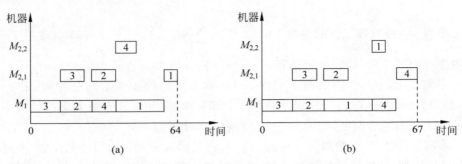

图 6-2   排列{3,2,4,1}{3,2,1,4}的甘特图
(a) {3,2,4,1}甘特图；(b) {3,2,1,4}甘特图

6.3.2   Rajendran 算法[9]

该算法对 NEH 的工件排序规则做了修改,各工件的计算参量 $T_{il} = \sum_{j=1}^{m} (m - j + 1)t_{ij}$,并按递增顺序进行排列。首先选取队列中的第一个工件生成子调度,然后选取队列中的第 k 个工件尝试插入已生成子调度的第 l 位置,其中 $\left[\dfrac{k}{2}\right] \leqslant l \leqslant k$, $k \geqslant 2$,调度指标最小的方案为新的子调度。依次将剩余工件插入,从而得到一个近优调度。具体步骤如下:

步骤 1   计算所有工件的参量 $T_j = \sum_{i=1}^{m} (m - i + 1)p_{j,i}, j \in \{1, 2, \cdots, n\}$,按照 T_j 非递减顺序排列各工件,得到初始排列 $\pi^0 = \{\pi^0(1), \pi^0(2), \cdots, \pi^0(n)\}$。

步骤 2   取出 π^0 的前两个工件 $\pi^0(1)$ 和 $\pi^0(2)$,将其排序,可得到两个部分调度 $\{\pi^0(1), \pi^0(2)\}$ 和 $\{\pi^0(2), \pi^0(1)\}$。评价这两个部分调度,并将其最大完成时间中较小的一个作为当前调度,记为 $\pi = \{\pi(1), \pi(2)\}$,并令 $j = 3$。

步骤 3   取出 π^0 的第 j 个工件 $\pi^0(j)$,将其插入 π 的所有可能的位置 l, $j/2 \leqslant l \leqslant j$,共得到 $j - \dfrac{j}{2} + 1$ 个部分排列。评价所得部分排列,并将最大完成时间中最小的部分排列作为当前调度 π。

步骤 4   令 $j = j + 1$,如果 $j \leqslant n$,则转步骤 3;否则,输出 π,算法结束。

示例可参考 NEH 算法。

人工蜂
群算法
讲解

6.4   流水车间调度问题的人工蜂群算法

流水车间调度问题属于 NP-Hard 问题,一般采用精确算法(如分枝定界、动态规划等)求得小规模问题的最优解。在实际应用或大规模算例中,一般采用近似算

法(如智能优化算法、调度规则等)获得问题的近似解[11]。近年来,在人工智能技术飞速发展的背景下,各种智能优化算法在流水车间调度问题中应用广泛,例如禁忌搜索算法、模拟退火算法、遗传算法、差分进化算法(differential evolution,DE)、粒子群优化算法、人工蜂群算法(artificial bee colony,ABC)等,有效弥补了精确算法和启发式规则的不足。

ABC 算法是模拟蜜蜂采蜜的一种群体智能算法,通过不同角色蜜蜂之间的交流、转换和协作来实现优化过程[11]。蜜蜂寻找高质量食物源的过程等同于优化问题中寻找最优解的过程,蜜蜂行为与优化问题的对应关系见表 6-1,可以明显看出,一个食物源代表着一个可行解,食物源的质量代表可行解的适应度值,蜜蜂采蜜的速度等同于优化问题的求解速度,蜜蜂在不停更新、寻找食物源,同时可行解的质量也在不停地提高,这是一个不断迭代的过程[12]。

表 6-1　蜜蜂行为与优化问题的对应关系

蜜蜂寻找食物源	优化问题寻找最优解
食物源	可行解
食物源的质量	可行解的适应度值
采蜜的速度	求解的速度
最优食物源	最优可行解

ABC 算法主要包括四个部分:食物源、引领蜂、跟随蜂和侦查蜂。每个蜜蜂(个体)具有两种行为:当食物源质量较好时,为食物源招募其他蜜蜂;当食物源质量不好时,则放弃该食物源。引领蜂的数量和食物源的数量相等。引领蜂会将与食物源相关的信息储存下来,并且发挥引领作用,将自己储存的信息传递共享给跟随蜂。跟随蜂通过一定的选择策略对引领蜂进行跟随,这样可以进一步提高优化问题的解的质量。当某个食物源经过有限次迭代后,依然没有被选择,则与之对应的引领蜂变为侦查蜂,进行随机优化,产生一个新解。侦查蜂的数量相对较少,一般占整个蜂群数量的 5% ～20%。

针对 FSP 这一离散优化问题,本节设计了一种 ABC 调度算法,简要介绍如下。

6.4.1　编码

算法设计的核心问题之一在于解的编码,良好的编码方式应当涵盖解空间信息且保证算法的搜索效率。应用 ABC 算法求解 FSP 的关键问题之一是设计解的表达方式,即如何构造食物源的编码。最常用的编码方法是直接采用所有工件的排列。按照工件的先后顺序安排加工,可以很容易地将工件排序转化为可行调度。因此,本节采用基于工件排序的编码,即一个食物源表示一个工件排序。

6.4.2　初始化

在求解复杂的大规模问题时,群智能优化算法的初始种群如果不够合理,会影响算法的求解性能。因此,ABC 采用 NEH 算法初始化。在 FSP 问题中,NEH 算法被广泛用于群智能优化算法的初始化阶段。

步骤 1　根据 NEH 算法产生一个初始解。

(1) 按照各工件总加工时间的非升序排序,产生一个初始排列 α。

(2) 取出 α 的前两个工件 $\alpha(1)$ 和 $\alpha(2)$,构成两个部分排序 $\{\alpha(1),\alpha(2)\}$ 和 $\{\alpha(2),\alpha(1)\}$。分别评价两个排序,具有较小最大完成时间的排序记为 β,令 $K=2$。

(3) 取出 α 的第 $K+1$ 个工件,将其遍历式插入 β 的最佳位置,并计算最大完成时间。

步骤 2　其余解在给定取值范围内随机产生。

6.4.3　引领蜂阶段

在 ABC 算法中,引领蜂在当前解邻域中产生一个新解。若所得新解优于当前解,则用新解代替当前解进入种群。基于工件序列编码的 FSP 通常使用插入移动和互换移动生成邻域解。插入移动将工件序列 α 中的一个工件由位置 i 取出插入新位置 j 得到一个新序列。互换移动则是将工件序列 α 中两个不同位置的工件互换。为了提高种群的多样性,引领蜂在生成新解的过程中随机选择基于插入和互换的四种移动方法:对序列 α 执行一次插入移动,对序列 α 执行一次互换移动,对序列 α 执行两次插入移动,对序列 α 执行两次插入移动。

6.4.4　观察蜂阶段

锦标赛选择能够有效避免算法陷入局部最优。因此,ABC 算法采用锦标赛选择食物源,即候选解,并执行 6.4.3 节中的四种邻域搜索。过程如下:

步骤 1　在种群中随机选择两个解进行比较,适应度值较高的作为候选解。

步骤 2　同雇佣蜂阶段的邻域搜索一样,选择一种移动操作生成新解,若所得新解优于候选解,则该解进入下一代种群;否则,抛弃所得新解。

6.4.5　侦查蜂阶段

在基本 ABC 算法中,如果一个解连续 limit 次循环没有改进就要被抛弃,由侦查蜂随机生成一个新解。然而,随机生成的新解质量一般不高,但有利于算法跳出局部最优解。

6.4.6　ABC 算法过程

基于上述对基本 ABC 算法的改进,求解 FSP 问题的 ABC 算法过程如下:

步骤 1　初始化参数 PSize(食物源数量)、NC(个体进化次数)、termination(算法终止条件)。

步骤 2　初始化种群,并计算所有个体的适应度值。

　　步骤 3　引领蜂阶段,对于所有个体执行邻域移动操作,生成一个新解,并通过适应度值判断是否更新当前解。

　　步骤 4　跟随蜂阶段,采用锦标赛选择方式为每个跟随蜂选择较好的食物源,并通过邻域移动操作得到新解,达到种群个数。

　　步骤 5　侦查蜂阶段,如果一个解连续 NC 步没有改进,抛弃该解,并通过插入邻域结构生成新解。

　　步骤 6　若达到结束条件退出,输出最好解;否则,返回步骤 3。

6.5　应用案例介绍

　　国内某汽车公司生产不同型号的缸体和缸盖零件,由于发动机零件众多,结构复杂,以及其对装配精度和制造精度的要求较高,同时汽车产品的更新快,呈现出多品种、小批量的生产需求,因此生产线的规划应满足多品种共线生产的要求。

　　针对机加车间缸体 1 号线混流产线的调度问题进行求解分析。发动机缸体的生产能力现为 36 万台/年,其产品共有 8 种,其中在缸体 1 号线上进行加工的为 1.8L、2.4L 两款发动机及 1.5T、2.0T 两款涡轮增压引擎,四类产品混流生产。

　　以某发动机的缸体为例,其从毛坯开始到加工结束后出库,由于其中若干道工序在相同的工位上进行加工,因此,将在相同工位上加工的工艺进行整合简化,可以得到最终主要工序的工艺流程:缸体 1 号线包含定位基准、粗加工、中间清洗、压检、压装、精加工、清洗、终检 8 道主要工序,每道工序的基本配备情况相同,且每个工件组经过所有工序的顺序也是相同的。机加车间缸体 1 号线主要工位的加工依次为:B-CAP 面及定位孔加工工位、粗镗缸口及粗铣 GA 面工位、中间清洗工位、DC 区压检工位、压装工位、精镗精铣工位、胶板清洗工位、缸体最终检查工位。

　　根据实际生产调研情况,缸体 1 号线每日产能为 1000 台,相邻两道工序之间存在刀具更换时间,但是更换时间固定,与加工序列不相关,可以将其考虑在加工时间内,归结为大规模批量混合流水车间调度问题。

6.6　拓展阅读

　　生产工艺和加工环境的复杂性使得考虑更多约束的流水车间扩展问题被广泛研究,例如,零等待的流水车间调度问题(no-wait flow-shop scheduling problem, NWFSP)、混合流水车间调度问题(hybrid flow-shop scheduling problem,HFSP)、有限缓冲区的流水车间调度问题(limited buffer flow-shop scheduling problem, LBFSP)、批量流水车间调度问题(lot-streaming flow-shop scheduling problem, LFSP)及分布式流水车间调度问题等。下面针对扩展问题的描述、应用及优化方法进行介绍,使读者更形象地了解流水车间调度问题。

  NWFSP 在钢铁冶炼、生物制药及化工等生产过程中普遍存在,产品一旦开始加工将不允许中断,直到完成所有工艺,即工件必须连续性地在所有机器上加工。为了满足零等待约束,延迟部分工件的加工是必要的。基于 NWFSP 问题特征的启发式规则被提出,例如平均撤出时间(average departure time,ADT)[13]和平均空闲时间(average idle time,AIT)[14],以优化完工时间。Aldowaisan 和 Allahverdi 提出了 6 种启发式算法求解以总流经时间为目标的 NWFSP[15]。各种群智能优化算法也被设计使用,例如粒子群优化算法[16]、鲸群优化算法[17]、人工蜂群算法[18]、教与学算法[19]等。

  HFSP 是针对瓶颈阶段增加多台并行机器,以达到机器载荷的平衡,同时可以增大产能。HFSP 普遍存在于纺织、制药及机械制造等生产过程,其采用流水车间工件序列的编码方式,而解码需要考虑并行机器的类型。当同阶段的并行机器属于相同的并行机器时,解码策略多采用最早可用的机器(first available machine,FAM)规则;当并行机器属于不相关并行机器的问题特征时,解码会选择具有最短加工时间的机器规则。优化算法的设计多集中在局部搜索[20]、群智能算法[21]及两者混合的多种群的元启发式算法[22]。随着人工智能的发展,基于 Agent 系统[23]、机器学习的学习型算法[24]也逐渐应用于混合流水车间调度问题。

  混合流水车间调度问题的数学模型可以描述为:令阶段总数为 M,工件数为 J,$t_{m,j}$ 和 $s_{m,j}$ 分别为工件 j 在阶段 m 上的加工时间和开始加工时间。则基本的 HFSP 以最小化完工时间为优化目标的数学模型[7]表示如下:

$$\min C_{\max} = \max(s_{m,j} + t_{m,j})$$

$$\begin{cases} \sum_{l=1}^{L_m} x_{m,j,l} = 1, & \forall j \in \{1,2,\cdots,J\}; m \in \{1,2,\cdots,M\} \\ y_{m,j,j'} + y_{m,j',j} \leqslant 1, & \forall j' \in \{1,2,\cdots,J\} \\ T = U(3 - y_{m,j,j'} - x_{m,j,l} - x_{m,j',l}), & \forall l \in \{1,2,\cdots,L_m\} \\ S_{m,j'} - (S_{m,j} + t_{m,j}) + T \geqslant 0 \\ x_{m,j,l} \geqslant \{0,1\} \\ y_{m,j,j'} \geqslant \{0,1\} \\ S_{1,j} \geqslant 0 \\ S_{m+1,j} - S_{m,j} \geqslant t_{m,j}, & \forall m+1 \in \{2,3,\cdots,M\} \end{cases}$$

$$(6\text{-}2)$$

  其中,$x_{m,j,l}$ 表示机器的约束,如果工件 j 在阶段 m 的机器 l 上加工,则 $x_{m,j,l}$ 为 1,否则为 0;$y_{m,j,j'}$ 表示工件之间的相邻关系,如果阶段 m 上的工件 j 在工件 j' 之后加工,则 $y_{m,j,j'}$ 为 1,否则为 0。目标函数表示最后一个工件在最后一个阶段上的结束时间。其中,约束条件分别代表:各工件必须经过所有阶段,且每阶段只能在 1 台机器上加工；同一阶段上不同工件的先后约束；工件 j 和工件 j' 都在 k 阶段的第 l 台机器上加工且工件 j 在工件 j' 前加工；同一台机器上加工工件的先后顺序；定义决策变量；定义工件在第一阶段的开始时间；各阶段上工件的完工时间由上一个阶段的完工时间和当前阶段的加工时间决定。

LBFSP 是指生产中相邻两台机器之间的缓冲区可能不存在或者缓冲区大小是有限的[25]。针对 LBFSP 研究，学者们针对混合存储策略进行了研究，提出了一种基于模糊时间的含有混合中间存储策略的流水车间调度模型[26]；将缓冲区的 4 种情况（无等待、无缓冲区、有限缓冲区、无限缓冲区）在流水车间进行综合考虑，分析这 4 种情况共存的结构优势，提出了基于 NEH 的两阶段混合启发式算法[27]。

LFSP 研究包括单批次问题研究和批次分割确定条件下的多批次问题。对于单批次问题的研究主要集中在加工批次的分割上。如何进行分割并获得最优的转移批量数目、大小是研究的热点问题，其应用研究也比较普遍，如在卷烟生产中，其生产线为流水线，烟丝是成箱加工，需要考虑批量加工下的机器调整次数的问题[28]；汽车的缸体生产线也属于批量流水车间，多条缸体流水生产线负责生产不同型号的缸体零件[29]。

基于分布式制造，分布式流水车间调度问题的主要研究集中于分布式置换流水车间调度问题。Naderi 和 Ruiz 在 2009 年首次研究了 DPFSP，建立了 6 种混合整数规划模型，提出了 2 种工厂分配规则和 14 种启发式构造方法[30]。Wang 等[31] 提出了一种分布估计算法，设计了最早完成工厂的解码方法，按照编码序列的优先顺序依次为每个工件选择工厂，并建立了多种基于关键工厂信息的局部搜索策略。

6.7　习题

1. 请简述流水车间调度问题。
2. 请简述置换流水车间调度的约束条件。
3. 请简述求解流水车间常用的经典规则调度方法。
4. 请举例说明实际生产中常见的流水车间调度问题。
5. 请采用 3 种不同的调度规则求解下列置换流水车间问题。

工　件	作 业 工 时	
	设备 1	设备 2
A	5	2
B	3	6
C	7	5
D	4	3
E	6	4

6．请编程实现 ABC 算法求解置换流水车间调度问题。

7．请编程实现 GA 算法求解任意拓展类流水车间调度问题。

参考文献

［1］ JOHNSON S M. Optimal two-and three-stage production schedules with setup times included［J］. Naval Research Logistics Quarterly，1954，1（1）：61-68.

［2］ GAREY M R，JOHNSON D S. Computers and intractability：a guide to the theory of NP-completeness［M］. San Franci-sco：Freeman，1979.

［3］ GRAHAM R L，LAWLER E L，LENSTRA J K，et al. Optimization and approximation in deterministic sequencing and scheduling：a survey［M］. Annals of discrete mathematics. Elsevier，1979，5：287-326.

［4］ PINEDO M，HADAVI K. Scheduling：theory，algorithms and systems development［C］// Operations Research Proceedings 1991. Berlin：Springer，1992：35-42.

［5］ 郑晓龙，王凌，王圣尧．求解置换流水线调度问题的混合离散果蝇算法［J］．控制理论与应用，2014，31（2）：159-164.

［6］ 王凌．车间调度及其遗传算法［M］．北京：清华大学出版社，2003.

［7］ 李颖俐，李新宇，高亮．混合流水车间调度问题研究综述［J］．中国机械工程，2020，31（23）：17.

［8］ 潘全科，高亮，李新宇．流水车间调度及其优化算法［M］．武汉：华中科技大学出版社，2013.

［9］ RAJENDRAN C. Heuristic algorithm for scheduling in a flowshop to minimize total flowtime［J］. International Journal of Production Economics，1993，29（1）：65-73.

［10］ TAILLARD E. Some efficient heuristic methods for the flow shop sequencing problem［J］. European journal of Operational research，1990，47（1）：65-74.

［11］ 桑红燕，潘全科，任立群．求解批量流水线调度问题的蜂群算法［J］．计算机工程与应用，2011，47（21）：35-38.

［12］ 桑红燕，高亮，李新宇．求解批量流水线调度问题的离散蜂群算法［J］．中国机械工程，2011，22（18）：2195-2202.

［13］ YE H，LI W，MIAO E. An effective heuristic for no-wait flow shop production to minimize makespan［J］. Journal of Manufacturing Systems，2016，40：2-7.

［14］ YE H，LI W，ABEDINI A. An improved heuristic for no-wait flow shop to minimize makespan［J］. Journal of manufacturing systems，2017，44：273-279.

［15］ ALDOWAISAN T，ALLAHVERDI A. New heuristics for m-machine no-wait flowshop to minimize total completion time［J］. Omega，2004，32（5）：345-352.

［16］ ZHAO F，QIN S，YANG G，et al. A factorial based particle swarm optimization with a population adaptation mechanism for the no-wait flow shop scheduling problem with the makespan objective［J］. Expert Systems with Applications，2019，126：41-53.

［17］ 曾冰，王梦雨，高亮，等．改进鲸群算法及其在炼钢连铸调度中的应用［J］．郑州大学学报（工学版），2018，39（6）：10.

［18］ 邓冠龙，徐震浩，顾幸生．一种求解阻塞型流水车间调度的离散人工蜂群算法（英文）［J］．

Chinese Journal of Chemical Engineering，2012，20(6)：1067-1073.

[19] SHAO W，PI D，SHAO Z. A hybrid discrete optimization algorithm based on teaching-probabilistic learning mechanism for no-wait flow shop scheduling[J]. knowledge-based systems，2016，107：219-234.

[20] SCHULZ S，NEUFELD J S，BUSCHER U. A multi-objective iterated local search algorithm for comprehensive energy-aware hybrid flow shop scheduling[J]. Journal of Cleaner Production，2019，224：421-434.

[21] GOLNESHINI F P，FAZLOLLAHTABAR H. Meta-heuristic algorithms for a clustering-based fuzzy bi-criteria hybrid flow shop scheduling problem[J]. Soft Computing，2019，23(22)：12103-12122.

[22] LU C，GAO L，PAN Q，et al. A multi-objective cellular grey wolf optimizer for hybrid flowshop scheduling problem considering noise pollution[J]. Applied Soft Computing，2019，75：728-749.

[23] WANG QIANBO，ZHANG WENXIN，WANG BAILIN. An agent-based system for dynamic hybrid flow shop scheduling[J]. Journal of Computer Applications，2017，37(10)：2991-2998.

[24] AZADEH A，GOODARZI A H，KOLAEE M H，et al. An efficient simulation-neural network-genetic algorithm for flexible flow shops with sequence-dependent setup times，job deterioration and learning effects[J]. Neural Computing & Applications，2019，31(9)：5327-5341.

[25] PAPADIMITRIOU C H，KANELLAKIS P C. Flow shop scheduling with limited temporary storage[J]. Journal of the ACM，1980，27(3)：533-549.

[26] 王万良，宋璐，等. 含有混合中间存储策略的模糊流水车间调度方法[J]. 计算机集成制造系统，2006(12)：2067-2073.

[27] SHIQIANG LIU，ERHAN KOZAN. Scheduling a flow shop with combined buffer conditions[J]. International Journal of Production Economics，2009，117(2)：371-380.

[28] 柴剑彬，刘赫，贝晓强. 考虑机器调整次数和产品质量的卷烟批量计划和柔性流水车间调度集成问题[J]. 运筹与管理，2019，28(10)：165-174.

[29] 张彪. 基于候鸟迁徙算法的批量流混合流水车间调度方法研究[D]. 武汉：华中科技大学，2019.

[30] NADERI B，RUIZ R. The distributed permutation flowshop scheduling problem[J]. Computers and Operations Research，2010，37(4)：754-768.

[31] WANG S Y，WANG L，LIU M，et al. An effective estimation of distribution algorithm for solving the distributed permutation flow-shop scheduling problem[J]. Int J of Production Economics，2013，145(1)：387-396.

第7章

作业车间调度问题及其智能优化算法

作业车间调度问题(job-shop scheduling problem,JSP)是一类经典、重要的调度问题,也是最困难的组合优化问题之一。很多机械加工车间能抽象为 JSP,因此,其具有很高的理论研究意义和广泛的工程应用价值。

7.1 作业车间调度问题描述

作业车间调度问题可以简单地描述为:n 个工件在 m 台机器上加工,每个工件有其特定的加工工艺,这确定了每个工件使用机器的顺序和时间,O_{ij} 表示第 i 个工件在第 j 道工序,对应的加工时间为 p_{ij}。在工艺约束下,要安排每台机器上的工件加工顺序,使得某种指标最优,这就是作业车间调度,它也是一个典型的 NP-Hard 问题。若各工件的工艺约束一致,则作业车间调度问题就转化为流水车间调度问题[1]。

现在假设:

(1) 工件之间不存在优先级。

(2) 某一工序一旦开始加工就不能中断。

(3) 每台机器在同一时刻只能加工一个工件,工件在同一时刻只能被一台机器加工。

(4) 机器不发生故障。

调度的目标就是确定每台机器上工序的加工顺序和每个工序的开始加工时间,使最大完工时间 $C_{\max}$(makespan)最小或其他指标达到最优。JSP 问题简明表示为 $J_m \parallel C_{\max}$。

除上述一系列基本调度约束外,在具体类型的调度问题定义中往往还需要另外补充一些其他约束。在经典 Job-shop 调度问题中常常默认带有以下额外约束:

（1）所有工件均在零时刻到达。

（2）每个零件在加工过程中经过每台机器，且只经过一次。

（3）工件加工时间已包含准备时间。

（4）缓冲区无限大。

7.2　作业车间调度问题的数学模型

7.2.1　评价指标

在 JSP 的求解过程中，调度方案优劣的评价需要采用一些评价指标。下面列出文献中较为常见的几个评价指标：

（1）最大完工时间最小。完工时间是每个工件最后一道工序完成的时间，其中最大的那个时间就是最大完工时间（makespan）。它是衡量调度方案的最根本指标，主要体现了车间的生产效率，也是 JSP 研究中应用最广泛的评价指标之一。最大完工时间最小可表示为：

$$f_1 = \min(\max_{1 \leqslant i \leqslant n}(t_i + p_i)) \tag{7-1}$$

（2）提前/拖期最小。准时制的生产必须考虑交货期问题，工件完工时间越接近交货期，表明其交货期性能越好。一般用最大提前时间指标 E_i 表示工件 J_i 的交货期 d_i 与其完成时间（$t_i + p_i$）的非负差值：

$$E_i = \max\{d_i - (t_i + p_i), 0\} \tag{7-2}$$

用最大拖期时间 T_i 表示工件 J_i 的完成时间（$t_i + p_i$）与交货期 d_i 的非负差值：

$$T_i = \max\{(t_i + p_i) - d_i, 0\} \tag{7-3}$$

最大提前时间最小和最大拖期时间最小分别可表示为：

$$f_2 = \min(\max_{1 \leqslant i \leqslant n}(E_i)) \tag{7-4}$$

$$f_3 = \min(\max_{1 \leqslant i \leqslant n}(T_i)) \tag{7-5}$$

（3）总流经时间最小。考虑让每个工件尽快完工的情况，以总流经时间为评价指标，最小化所有工件完工时间的总和。用 L 表示所有工件加工时间的总和，则总流经时间最小可表示为：

$$f_4 = \min\left(L + \sum_{i=1}^{n} t_i\right) \tag{7-6}$$

以上几种性能评价指标较为常用，还有其他如考虑工件安装时间的性能评价指标或更加贴近生产成本的一些成本指标等。其中，如果性能评价指标函数是完工时间的非减函数，则称为正则性能指标（regular measure），如 f_1, f_2, f_3, f_4；否则称为非正则性能指标，如 E/T 惩罚代价最小等。

7.2.2 数学模型

借助线性不等式,作业车间调度的数学规划模型描述如下:令 $N=\{0,1,2,\cdots,n,n+1\}$ 表示工序的集合,其中 n 是工序的总数,0 和 $n+1$ 表示两个虚工序,代表"起始"和"终止"工序;$M=\{0,1,2,\cdots,m\}$ 是机器的集合;A 是表示同一工件的工序前后关系约束的工序对集合;E_k 是机器 k 上加工工序对的集合。对于每个工序 i,加工时间 p_i 是一定的,工序的起始时间 t_i 是优化过程中待确定的变量,且令 $t_0=0,p_0=p_{n+1}=0$。

以最大完工时间最小为目标的调度问题可归结为如下形式的最小化问题:

$$\min(\max_{1\leqslant i\leqslant n}(t_i+p_i))$$

s. t.

$$t_j-t_i\geqslant p_i,\quad (i,j)\in A \tag{7-7}$$

$$t_j-t_i\geqslant p_i,\quad \text{或}\quad t_i-t_j\geqslant p_j,(i,j)\in E_k,k\in M \tag{7-8}$$

$$t_i\geqslant 0 \tag{7-9}$$

式(7-7)保证每个工件的工序顺序满足预先的要求,式(7-8)保证每台机器一次只能加工一个工件,式(7-9)保证每道工序的起始时间非负,满足以上约束条件的任意一个可行解称为一个调度。以上的描述方式是调度问题的数学规划解的基础。

7.2.3 析取图模型

Balas[2] 最早采用析取图(disjunctive graph)模型求解 JSP 问题。任意一个调度方案可以用析取图 $G=(N,A,E)$ 表示,其中 $N=\{0,O_{ij},\tilde{n}|\ i=1,2,\cdots,n;\ j=1,2,\cdots,m\}$ 表示所有工序的集合,O_{ij} 表示第 i 个工件的第 j 道工序,0 和 $\tilde{n}$ 表示虚拟起始工序和终止工序。A 是连接同一工件邻接工序间的连接弧集;E 是连接在同一机器 k 上连续加工工序的析取弧集,更确切地说,$E=\bigcup_{k=1}^{m}E_k$,其中 E_k 表示机器 k 上的析取弧子集,E 上的每个析取弧由一对方向相反的弧组成。连接弧$(O_{ij},O_{ij'})\in A$ 的长度为工序 O_{ij} 的加工时间 p_{ij},析取弧$(O_{ij},O_{i'j'})\in E$ 的长度依据它的方向可以为 p_{ij} 或 $p_{i'j'}$。此外,若一段弧的起始工序为 0,或终止工序为 $\tilde{n}$,则这段弧的长度为 0,即虚拟工序的加工时间为 0。析取图中 $0\sim\tilde{n}$ 的最长路径为关键路径。关键路径的长度等于此调度方案的最大完工时间(makespan)。以最小化 makespan 为目标,等同于获得使析取图中关键路径长度最短的调度方案。

考虑表 7-1 给出的一个 3 个工件、3 台机器的 JSP 问题,图 7-1 给出了这个问题的析取图。实线表示 A 中的连接弧,虚线表示 E 中的连接弧。如果从 E_k 中选择一条单行路径而不产生循环,那么可得到一个调度方案,如图 7-2 所示。此外,

如果用 $L(u,v)$ 表示析取图中从 u 到 v 的最长路径,那么 $L(0,\tilde{n})$ 表示图中的关键路径。在图 7-2 中,$(0,O_{31},O_{12},O_{13},O_{33},\tilde{n})$ 构成了关键路径,它的长度是 10。通常将关键路径上的工序定义为关键工序。关键块由同一台机器上相邻的关键工序组成。在图 7-2 中,两个关键块 $B_1=\{O_{31},O_{12}\}$ 和 $B_2=\{O_{13},O_{33}\}$ 划分了关键路径。在 JSP 问题中,每个工序 u 有两个前导工序和后续工序,分别为它的工件前导工序(job-predecessor)和工件后续工序(job-successor),通常用 JP[u]和 JS[u]表示;它的机器前导工序(machine-predecessor)和机器后续工序(machine-successor),通常用 MP[u]和 MS[u]表示。

表 7-1 一个 3 个工件、3 台机器的 JSP 问题

工 件	加工机器,加工时间		
J_1	(3,2)	(2,1)	(1,3)
J_2	(1,1)	(3,2)	(2,2)
J_3	(2,5)	(3,2)	(1,1)

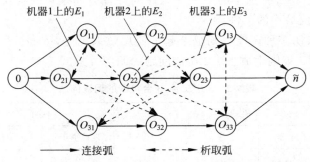

图 7-1 一个 3 个工件、3 台机器的 JSP 析取图

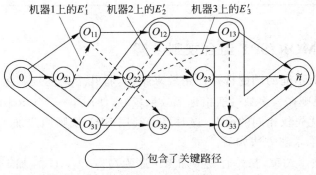

图 7-2 对应的一个可行调度方案

7.3 作业车间调度问题的 MOR 和 SMT 规则

调度规则也称为优先分配规则(priority dispatch rules,PDR),是一种获得可行解的构造性方法,也是最早提出的近似算法[2]。调度规则给在队列中等待加工的每个工件分配优先值并进行排序,当有机器空闲时为这台机器选择具有最高优先值的工件进行加工,而优先值一般是基于工件、机器或者车间特征信息的。调度规则计算简单,时间复杂性较小,是实际生产中常用的方法。Panwalkar 等[4]根据性能指标总结了 100 多条调度规则,Montazeri 等[5]列举了 20 条常用规则。常用的调度规则有优先选择加工时间最短的工序 SPT(shortest processing time)规则、先到先服务(first come first serve,FCFS)规则和优先加工交货期最早的工件(earliest due date,EDD)等,适用于作业车间的较特殊的规则有 MOR(most operation remaining)规则和 SMT(shortest machine time)规则等。

MOR 规则:优先选择剩余工序数最多的工件进行加工。

SMT 规则:将等待加工的下一个工序的处理时间乘以对应工件的总处理时间,优先选择此值最小的工件。

大量研究表明多种调度规则组合起来使用效果更好,下面分别以 MOR/SPT 组合规则和 SMT 规则生成表 7-2 所给问题的调度方案。

表 7-2 3 个工件、3 台机器的调度问题

工 件	机 器 顺 序			加 工 时 间		
	工序 1	工序 2	工序 3	工序 1	工序 2	工序 3
J_1	M_3	M_2	M_1	3	12	5
J_2	M_2	M_1	M_3	4	8	6
J_3	M_1	M_3	M_2	2	3	7

7.3.1 MOR/SPT 组合规则求解

调度规则对不同的调度目标使用效果不同,将几个调度规则组合使用往往更有优势,SPT 规则在大多数性能指标下效果较好,使用单一 MOR 规则时容易出现多个工件加工优先权相同的情况,这时可以利用 SPT 规则确定加工工序。MOR/SPT 组合规则的求解方法如下:

(1) 根据技术约束,初始时刻待加工工序为 O_{13},O_{22},O_{31},加工时间分别为 3,4,2,此时 3 个工件有 3 个工序未加工,因此依据 SPT 规则选择 O_{31} 首先加工。

(2) 更新待加工工序为 O_{13},O_{22},O_{33},加工时间分别为 3,4,3。此时工件 1、工件 2 剩余 3 道工序,工件 3 剩余 2 道工序,依据 MOR 规则在 O_{13},O_{22} 中选择,

依据 SPT 规则确定第 2 道工序为 O_{13}。

（3）更新待加工工序为 O_{12},O_{22},O_{33}，此时工件 2 剩余 3 道工序，工件 1、工件 3 剩余 2 道工序，依据 MOR 规则确定第 3 道工序为 O_{22}。

（4）更新待加工工序为 O_{12},O_{21},O_{33}，加工时间分别为 12,8,3，此时工件 1、工件 2、工件 3 都剩余 2 道工序，由 SPT 规则确定第 4 道工序为 O_{33}。

（5）更新待加工工序为 O_{12},O_{21},O_{32}，依据 MOR 规则第 5 道工序在 O_{12},O_{21} 中产生，由 SPT 规则确定为 O_{21}。

（6）由 MOR 规则确定第 6 道工序为 O_{12}。

（7）此时 3 个工件都只剩最后一道工序未加工，由 SPT 规则确定加工顺序为 O_{11},O_{23},O_{32}。

（8）由 MOR/SPT 组合规则确定的最终加工顺序为 $O_{31},O_{13},O_{22},O_{33},O_{21}$，$O_{12},O_{11},O_{23},O_{32}$，由此得调度甘特图如图 7-3 所示。

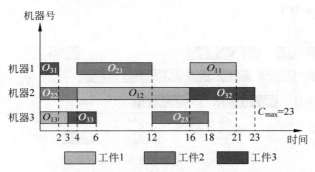

图 7-3　MOR/SPT 组合规则生成的调度方案

7.3.2　SMT 规则求解

SMT 规则与 SPT 规则有些类似，不同的是 SMT 规则优先安排加工时间占比最小的工序进行加工，因此 SMT 规则倾向于缩短最早完工工件的完工时间。SMT 规则求解如下：

（1）将单个工序的加工时间乘以对应工件的总加工时间得到相应的优先值，例如对工序 O_{13}，优先值 $=p_{13}\times(p_{13}+p_{12}+p_{11})=3\times(3+12+5)=60$，依次算得各工序的优先值见表 7-3。

（2）初始时刻待加工工序为 O_{13},O_{22},O_{31}，对应的优先值为 60,72,24，优先值最小的优先加工，因此第 1 道工序为 24 对应的 O_{31}。

（3）确定第 1 道工序后，候选工序变为 O_{13},O_{22},O_{33}，对应的优先值为 60,72 和 36，选择 36 对应的 O_{33}。

（4）此时候选工序为 O_{13},O_{22},O_{32}，对应的优先值为 60,72 和 84，选择 60 对应的工序 O_{13}。

（5）候选工序更新为 O_{12}, O_{22}, O_{32}，对应的优先值为 240,72 和 84,选择 72 对应的工序 O_{22}。

（6）以此类推,得最终加工顺序为 $O_{31}, O_{33}, O_{13}, O_{22}, O_{32}, O_{21}, O_{23},$ O_{12}, O_{11}。

（7）由此得调度方案甘特图如图 7-4 所示。

表 7-3　各工序 SMT 规则优先值

工　件	机 器 顺 序			SMT 规则优先值		
	工序 1	工序 2	工序 3	工序 1	工序 2	工序 3
J_1	M_3	M_2	M_1	60	240	100
J_2	M_2	M_1	M_3	72	144	108
J_3	M_1	M_3	M_2	24	36	84

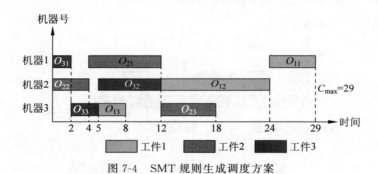

图 7-4　SMT 规则生成调度方案

7.4　作业车间调度问题的典型智能优化算法

JSP 作为 NP-Hard 问题,基于数学模型的方法只能求解小规模问题,调度规则求解速度快但效果一般。因此,现在的研究大多采用遗传算法等智能优化算法求解 JSP 问题,以期望在合理的时间内获得满意的解。局部搜索是智能优化算法取得高质量解的关键,而邻域结构作为局部搜索的核心极大地影响了算法的性能。

7.4.1　智能优化算法在作业车间调度中的应用

Cheng 等[6,7]、Yamada 和 Nakano[8] 分别对遗传算法求解 JSP 问题的关键技术,如编码、交叉和变异操作算子、算法结构和混合搜索策略等,进行了分析和总结。Lin 等[9]、Sha 和 Hsu[10] 将粒子群算法与车间调度的领域知识相结合求解 JSP 问题,取得了很好的结果。Zhang 等[11]、Huang 和 Liao[12] 运用蚁群算法求解 JSP 问题,他们通过合理调节信息素浓度,使得蚁群寻优的路径最短。

局部搜索算法很好地克服了智能优化算法易陷入局部最优的缺点,因此,越来越多的研究人员将局部搜索算法引入其他算法框架求解 JSP 问题。Zhang 等[13]将模拟退火算法和禁忌搜索算法相结合求解 JSP 问题。Peng 等[14]将禁忌搜索算法引入路径重连算法框架求解 JSP 问题。路径重连算法增加了种群的多样性,将种群中的个体分散到解空间各处,更有利于个体执行禁忌搜索操作。Gonçalves 和 Resende[15]将禁忌搜索算法引入遗传算法框架求解 JSP 问题。遗传算法和禁忌搜索算法的结合很好地平衡了混合算法的全局搜索和局部搜索能力。将局部搜索算法与其他算法组合,能有效地扩大算法的搜索空间,增强算法的全局搜索能力。因此,运用混合算法求解 JSP 问题逐渐成为研究的热点。

7.4.2 邻域结构在作业车间调度中的应用

邻域结构是否合理对局部搜索算法的效果有着直接影响。在调度问题中,一般邻域结构的移动是通过对关键路径上的工序产生小的扰动进行的,只有如此,才有可能缩短当前解的最大完工时间。

最著名的邻域结构是基于关键块的 N5[16]、N6[17] 和 N7[18] 邻域结构。N5 邻域结构的设计如下:①若是第一个关键块,则交换块尾的两道工序;②若是最后一个关键块,则交换块首的两道工序;③若既不是第一个关键块,也不是最后一个关键块,则交换块首的两道工序和块尾的两道工序。图 7-5 是 N5 邻域结构的示意图。N6 邻域结构是 N5 邻域结构扩展,进一步考虑了将关键块内部的工序移动到关键块的块首和块尾,但由于在作业车间调度问题中存在不可行解的情况,因此要在满足一定约束条件的基础上,才能将内部工序移动到块首或块尾进行加工。图 7-6 是 N6 邻域结构的示意图。N7 邻域结构在 N6 邻域结构的基础上将关键块块首和块尾的工序移动到关键块内部,同样,为了避免不可行解的出现,N7 邻域结构也需要满足与 N6 邻域结构相同的约束条件。图 7-7 是 N7 邻域结构的示意图。

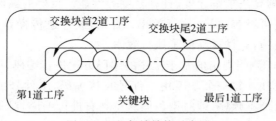

图 7-5 N5 邻域结构示意图

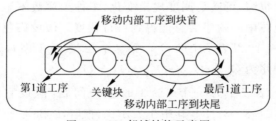

图 7-6 N6 邻域结构示意图

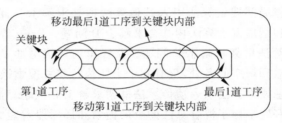

图 7-7　N7 邻域结构示意图

N6 邻域结构和 N7 邻域结构中的约束条件能够确保移动后产生的结果为可行解的充分条件,但仍然存在大量移动后的结果为可行解,却不满足 N6 邻域结构和 N7 邻域结构中的约束条件,即这些约束条件为保证可行解的充分非必要条件。为了探究保证产生可行解的充分必要条件,首先要了解由可行解产生不可行解的充分必要条件,然后就可以反推出产生可行解的充分必要条件了。

7.4.3　基于遗传算法求解作业车间调度问题[20]

遗传算法基于自然界的进化规律而得到,由种群、选择、交叉和变异算子等部分组成,需要建立从染色体基因到个体外部特征的映射,即完成相应的编、解码工作,编、解码方式对算法性能有着重要影响。遗传算法的特性使其非常适合求解组合优化问题,在 JSP 的研究中应用广泛。

1. 编码与解码

编码就是解的遗传基因表示,它是遗传算法实施优化过程中遇到的首要问题,是为了实现交叉、变异等类似于生物界的遗传操作,也是应用成功与否的关键之一。编码过程必须考虑染色体的合法性、可行性和有效性,以及对问题解空间表达的完全性,直接影响算法求解速度、计算精度等性能。良好的编码方式有利于在后续遗传操作中产生可行解,提高执行效率;否则,经过遗传操作会产生不可行解,需要一定的修补措施,这样就降低了执行效率。

本书采用 Gen 等[19]提出的基于工序的编码方式进行编码,染色体的长度等于所有工件的工序之和。每一个基因用工件号直接编码,工件号出现的顺序表示该工件工序间的先后加工顺序,即对染色体从左到右进行编译,对于第 j 次出现的工件号,表示该工件 i 的第 j 道工序,并且工件号的出现次数等于该工件的工序总数。如此编码柔性很高,可满足调度规模变化、工件工序数不定等各种复杂情况,而且任意置换染色体中的顺序后总能得到可行调度。假设染色体的编码是[2,2,1,1,2],则其中第一个"2"表示工序 O_{21},第二个"2"表示工序 O_{22},以此类推,转换成各工序的加工顺序为 $O_{21} \rightarrow O_{22} \rightarrow O_{11} \rightarrow O_{12} \rightarrow O_{23}$。

举例说明[20],表 7-4 为一个 3×3 的 JSP 问题,假设它的一个染色体为[2 1 1 3 1 2 3 3 2],其中 1 表示工件 J_1,2 和 3 意义相同。染色体中的 3 个 1 依次表示工件 J_1 的 3 道工序,分别为工序 1、工序 2 和工序 3;此染色体对应的机器分配为[3 1 2 2 3 1 3 1 2],对应的加工时间为[2 3 2 2 3 3 2 3 4]。图 7-8 表示该染色体解码成为对应机器和加工时间的方式[20]。按一般解码方式,依次从左到右将染色体上的工序安排完为止,可生成的染色体对应的半活动调度方案,图 7-9 显示了该染色体一般方式解码后所得的半活动调度解[20],其中,机器 1 上的工件加工顺序为 1—2—3,机器 2 上的为 1—3—2,机器 3 上的为 2—1—3,最大完工时间 makespan=13。

表 7-4   一个 3×3 的 JSP 问题

工 件	加工机器,加工时间		
J_1	(1,3)	(2,2)	(3,3)
J_2	(3,2)	(1,3)	(2,4)
J_3	(2,2)	(3,2)	(1,3)

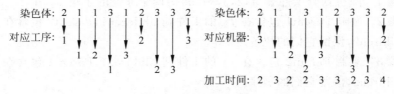

图 7-8   解码方式

按一般解码方式只能得到半活动调度解,而不是活动调度解。这里介绍一种插入式贪婪解码算法[20],能保证染色体经过解码后生成活动调度。插入式贪婪解码算法描述如下:首先将染色体看作工序的有序序列,根据工序在该序列上的顺序进行解码,序列上第 1 道工序首先安排加工,然后取序列上第 2 道工序,将其插入对应机器上最佳可行的加工时刻安排加工,以此方式直到序列上所有工序安排在其最佳可行的地方。按插入式贪婪解码算法,该染色体解码后可生成图 7-10 所示的活动调度解[20]。其中,机器 1 上的工件加工顺序为 1—2—3,机器 2 上的为 3—1—2,机器 3 上的为 2—3—1,最大完工时间 makespan 减少为 10。然后,可以获得该活动调度对应的染色体为[2 1 3 1 2 2 3 1 3]。

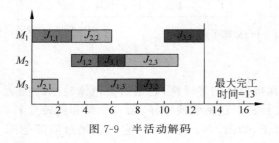

图 7-9   半活动解码

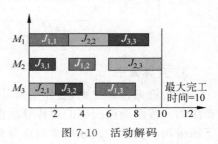

图 7-10   活动解码

2. 交叉算子

交叉的目的是利用父代个体经过一定操作组合后产生新个体,在尽量降低有效模式被破坏的概率基础上对解空间进行高效搜索。交叉操作是主要的遗传操作,遗传算法的性能在很大程度上依赖于所使用的交叉操作,它决定了算法的全局搜索能力。在设计交叉操作时必须满足可行性、特征的有效继承性、完全性和信息非冗余性等指标。特征的有效继承性保证了父代中的优良信息能够保留到子代,信息非冗余性保证了子代中不会产生过多的无用信息,这两个特征是交叉操作设计中的两个重要指标。遗传算法中常用的交叉操作有单点交叉(single point crossover,SPX)、多点交叉(multiple point crossover,MPX)、均匀交叉(uniform crossover,UX)、基于工件顺序的交叉(job-based order crossover,JOX)和基于工件优先顺序的交叉(precedence preserving order-based crossover,POX)等。

这里采用的是 POX 操作,其具体的流程如下[20]:

步骤 1　随机划分工件集$\{1,2,3,\cdots,n\}$为两个非空的子集 J_1 和 J_2。

步骤 2　复制 Parent1 包含在 J_1 的工件到 Children1,Parent2 包含在 J_1 的工件到 Children2,保留它们的位置。

步骤 3　复制 Parent2 包含在 J_2 的工件到 Children1,Parent1 包含在 J_2 的工件到 Children2,保留它们的顺序。

图 7-11 说明了 2 个包含 4 个工件和 3 台机器调度问题的染色体交叉过程。两父代 Parent1、Parent2 交叉生成 Children1 的染色体基因为[3 2 2 1 2 3 1 4 4 1 4 3],Children2 的染色体基因为[4 1 3 4 2 2 1 1 2 4 3 3]。可以看出经过 POX,Children1 染色体保留了 Parent1 中工件$\{2,3\}$和 Parent2 中工件$\{1,4\}$的次序,Children2 染色体保留了 Parent2 中工件$\{2,3\}$和 Parent1 中工件$\{1,4\}$的次序,使子代可能继承父代的优良特征。

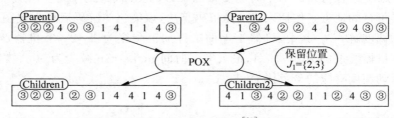

图 7-11　POX 算子[20]

3. 变异算子

在传统遗传算法中,变异是为了保持群体的多样性,它是由染色体较小的扰动产生的。传统调度问题的遗传算法变异算子包括交换变异、插入变异和逆转变异。下面采用一种基于领域搜索的变异算子,如图 7-12 所示[20],它可以通过局部范围内搜索来改善子代的性能,具体步骤如下:

步骤 1　设 $i=0$。

步骤 2　判断 $i \leqslant \text{popsize} \times p_m$ 是否成立(popsize 是种群规模,p_m 是变异概率),是则转到步骤 3,否则转到步骤 6。

步骤 3　取变异染色体上 λ 个不同的基因,生成其排序的所有领域。

步骤 4　评价所有领域的调度适应值,取其中的最佳个体。

步骤 5　$i = i + 1$,转至步骤 2。

步骤 6　结束。

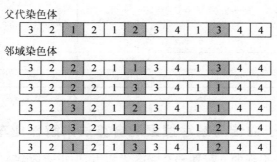

图 7-12　变异算子[20]

4. 遗传算法流程

在传统遗传算法中,交叉产生的子代总是被接受,即使它们的适应度远低于父代的适应度,这可能造成优良解被丢失或破坏,从而导致传统遗传算法易于早熟和收敛于较差解。本书设计一种改进子代产生模式的遗传算法,两父代交叉 n 次生成 $2n$ 个后代,为了使子代更好地继承父代的优良特征,在从父代优选的一个和所有 $2n$ 个后代中选择最优的一个染色体作为下一代(两染色体适应度不同),这样既能将最优染色体保留到下一代,又能保证子代的多样性。这与人类的繁殖类似,可使父代的优良特性更好地传递到下一代。求解 JSP 问题遗传算法的具体步骤如下:

步骤 1　初始化随机产生 P 个染色体个体,P 为种群规模。

步骤 2　计算个体适应度,评价个体的适应度值。

步骤 3　判断是否达到终止条件,若满足则输出最优解,结束算法;否则转至步骤 4。

步骤 4　按赌轮选择策略选取下一代种群。

步骤 5a　按交叉概率 P_c,对两父代个体交叉 n 次,从最优父代和所有后代中选择最优的两个染色体作为下一代。

步骤 5b　按变异概率 P_m 选择个体,进行变异操作生成新个体。

步骤 6　生成新一代种群,返回到步骤 3。

5. 实验结果与分析

这里采用著名的 Fisher 和 Thompson(FT)基准实例[21]对提出的改进遗传算法进行测试。具体遗传算法试验运行参数为:种群规模 $P = 500$,交叉概率 $P_c =$

0.8,变异概率 $P_m = 0.01$。实验结果见表 7-5。

对于较简单的 FT6×6 实例,遗传算法可以迅速收敛到下界,而对于难度较大的 FT10×10 也能在较短时间内收敛到下界。从表 7-5 可以看出,对于 FT 基准实例[20],本书采用的遗传算法能取得较好的结果。

表 7-5　FT 基准实例测试结果[20]

问　　　题	规　　模	下　　界	遗 传 算 法	
			最　优　解	平均时间/s
FT06	6×6	55	55	2.90
FT10	10×10	930	930	176
FT20	20×5	1165	1173	188

7.4.4　基于遗传与禁忌搜索混合算法求解作业车间调度问题[20]

遗传算法有着很强的并行性和全局寻优能力,但也有收敛速度慢、局部寻优能力较差等缺点,而禁忌搜索算法等一些启发式搜索算法则具有较强的局部搜索能力。结合不同算法的寻优思想对遗传算法进行改进,如在遗传框架内加入禁忌搜索操作可以提高算法的运行效率和求解质量。

1. 交叉和变异操作

交叉和变异是遗传算法进化过程中的关键操作,它们决定着遗传算法全局搜索的能力。这里继续采用 7.4.3 节所采用的交叉与变异算子,其实验结果显示了该交叉与变异算子的有效性。

2. 禁忌搜索算法设计

禁忌搜索算法已经有效地应用于求解多种车间调度问题。该算法的特点是采用禁忌表来避免个体陷入局部最优。如果某一个体被禁忌表所禁止,那么它就不能被选为新解进入下一代。禁忌搜索算法包含以下几种元素:邻域结构、移动属性、禁忌表、特赦准则和终止条件。这里采用的邻域结构是 7.4.2 节介绍的 N7 邻域结构。移动属性指工序间的移动操作。禁忌表用来禁止重复的移动操作。特赦准则是指当新解的 makespan 比当前最优解更小时,即使新解的移动操作被禁止,仍然接受。终止条件是指当新解的 makespan 达到了下界或算法到达了给定的迭代次数,则算法终止。禁忌搜索算法的流程如下:

步骤 1　随机产生一个候选解 x_0,并设置当前最优解 $x_b \leftarrow x_0$。

步骤 2　设置禁忌表 T 为 $\varnothing$。

步骤 3　基于 N7 邻域结构产生 x_0 的多个邻域解,并选择 makespan 最小且没有被禁忌,或满足特赦准则的解为 x'。

步骤 4　如果 x' 优于 x_b,设置 $x_b \leftarrow x'$,同时设置 $x_0 \leftarrow x'$。

步骤 5　更新禁忌表 T。

步骤 6　判断是否达到终止条件,若满足则输出最优解 x_b,结束算法;否则转至步骤 3。

3. 混合算法的框架设计

遗传与禁忌搜索混合算法将"适者生存"的进化准则融入多起点禁忌搜索算法中,由遗传算法和对初始化及进化过程中产生的个体进行优化的强化禁忌搜索算法组成。从总体上分析,遗传算法用于执行全局探索,而强化禁忌搜索算法用于对有希望的区域进行集中搜索(局部探索)。由于遗传算法和禁忌搜索算法具有互补的特性,混合算法能够超越这两种算法单独使用。求解 JSP 问题的遗传与禁忌搜索混合算法流程如下:

步骤 1　种群初始化并设代数 $i=1$。

步骤 2　对种群的适应度值进行评估。

步骤 3　判断是否满足终止条件,满足则跳转至步骤 6;否则跳转至步骤 4。

步骤 4　更新种群:

(1) 使用遗传算子(选择、交叉和变异)更新种群。

(2) 对种群中每个个体使用禁忌搜索操作提高解的质量。

步骤 5　设 $i=i+1$,并返回步骤 2。

步骤 6　输出最优个体。

4. 实验结果与分析

在混合算法中,遗传算法种群规模 P、交叉概率 P_c、变异概率 P_m、进化代数和禁忌搜索算法参数等由大量试验测试确定,以保证算法在解的质量和计算速度之间平衡。

本节从经典的 FT[21]、LA[22] 和 ABZ[23] 基准集中选取 15 个困难案例对遗传与禁忌搜索混合算法进行测试。混合算法的运行参数设置如下:种群规模 $P=10$,交叉概率 $P_c=0.8$,变异概率 $P_m=0.1$,禁忌列表长度 $L=10$,未改进迭代次数 ImproveIter$=100 \times n$(n 为工件数)。标准测试每个实例连续运行 10 次,以计算实例的平均适应度和平均运行时间。实验结果见表 7-6。

表 7-6　FT、LA 和 ABZ 基准实例测试结果[20]

问　　题	规　　模	上界(下界)	遗传与禁忌搜索混合算法		
			最优解	平均值	平均时间/s
FT10	10×10	930	930	930	4.1
LA19	10×10	842	842	842	0.9
LA21	15×10	1046	1046	1046	26
LA24	15×10	935	935	935	15.2
LA25	20×10	977	977	977	8.8
LA27	20×10	1235	1235	1235	11.9

续表

问　　题	规　　模	上界(下界)	遗传与禁忌搜索混合算法		
			最优解	平均值	平均时间/s
LA29	20×10	1152	1153	1153.2	338
LA36	15×15	1268	1268	1268	15.1
LA37	15×15	1397	1397	1397	83.8
LA38	15×15	1196	1196	1196	49.2
LA39	15×15	1233	1233	1233	27.2
LA40	15×15	1222	1222	1223.8	159
ABZ7	20×15	656	657	658	368
ABZ8	20×15	665(645)	667	668.7	382
ABZ9	20×15	678(661)	678	678.7	374

　　由表 7-6 可以看出,在最优解已知的 13 个案例中,混合算法获得了 11 个实例的最优解。实验结果验证了混合算法能有效地求解 JSP 问题。此外,10 次运行获得的平均值与最优解的差距很小,反映了混合算法的鲁棒性极强。对于这 15 个困难的案例,混合算法都能在很短的时间内获得最优(或近似最优)解,显示了混合算法的高效性。

差速器
壳体加
工动画
演示

7.5　应用案例介绍

　　某企业的壳体加工生产车间可简化为作业车间,该车间用于加工多种不同类型的壳体。每种类型的壳体需要流经的加工工艺顺序不同,不同种工艺需要在不同的机器上完成加工,且不同类型的工件在相同机器上的加工时间也不尽相同。如有三种不同类型的壳体,每个壳体需要按次序依次加工的工艺为(车内形、铣端面、车外形),(车外形、车内形、铣端面),(车内形、车外形、铣端面)。这三个工件需要在两台车床和一台铣床上完成加工,每一台机床在同一时刻只能加工一个工件,每个工件在同一时刻只能在一台机器上加工,且加工过程不允许发生中断等。需要进行调度的是每台机床上不同类型壳体的加工顺序,以及每一个工件开始加工的时间和结束加工的时间。

基于 GA
求解柔
性作业
车间调
度问题

7.6　拓展阅读

7.6.1　柔性作业车间调度问题

　　为了提高设备利用率,提高生产系统的柔性,近年来许多企业引进了柔性化设备,如加工中心等。在柔性化设备中,同一设备可以完成多种不同的工艺,如在应用案例中,假设车间有三台加工机器,车床、铣床和加工中心,其中车床只能完成车外形,铣床能够完成铣端面,加工中心能够分别完成车内形、车外形这两种不同类型的工艺。这时候的调度需要先决策车外形这个工艺是在车床上完成,还是在加工中心上完成,然后再决策每一台机器上工件的加工顺序。因此,柔性作业车间调度问题实际上需要完成两个层面的决策:工艺对应的加工机器选择决策和机器上工件的加工顺序决策[24]。

由于机器柔性的存在,在同规模问题下,柔性作业车间调度问题具有比一般作业车间问题更多的可行解,因此其求解难度要大于求解作业车间调度问题。在现有研究中,一般使用智能优化算法对该问题进行求解。在算法中,通过双层编码来表示问题的解,其中一层编码表示加工工件中对应工艺的机器选择,另一层编码表示不同机器上工件的加工顺序。与作业车间调度问题相同,在柔性作业车间调度中也存在大量的不可行解,因此在个体优化时,需要使用一系列的约束条件保证解的可行性。

7.6.2　可重入作业车间调度问题

可重入调度指的是在工件的所有加工工艺中,至少有两道工艺是相同的,且在同一台机器上完成加工[25]。可重入问题在实际生产过程中比较常见,如应用案例中,假设某一壳体在加工过程中,需要铣削加工两个端面(称为第一端面、第二端面)和对内形和外形进行车削加工。其中,第一个端面需要作为车内形和车外形的定位基准,内形需要作为铣削第二个端面的定位基准,因此该工件的加工工序可能为(铣第一端面、车内形、车外形、铣第二端面)。在这种情况下,该工件就需要两次在铣削机床上进行加工。可重入作业车间调度问题需要决策的问题与一般作业车间调度问题一样,即需要决策每台机器上工件的加工顺序。

虽然可重入作业车间调度问题是作业车间调度问题的拓展问题,但是该问题的求解难度和求解方法与作业车间调度问题基本一致。通过使用智能优化算法,利用关键路径中的邻域结构与保证可行解的约束条件,使个体向更优的个体进化。

7.6.3　分布式作业车间调度问题

在全球化背景下,为了提高市场竞争力,很多企业选择进行合作生产,分布式制造已成为一种常见的生产模式,分布式调度也成为一种常见的调度问题。分布式调度指的是有多个企业能够独自完成一系列工件的加工,而不同企业之间的加工效率可能相同,也可能不同。为了及时或尽快完成工件加工,需要将这些工件分配到不同的企业进行加工,并在各自企业内进行优化调度,若这些待加工工件在任意企业中满足作业车间调度问题的约束,则整个调度优化问题可称为分布式作业车间调度问题。易知,分布式作业车间调度问题需要完成两个层面上的决策:每个工件在哪个企业完成加工,企业里每台机器上工件的加工顺序[26]。

分布式制造会是制造业的未来吗?

与柔性作业车间调度问题一样,分布式作业车间调度问题的求解难度要大于作业车间调度问题,因此一般也使用智能优化算法对该问题进行求解。在算法中,同样使用两层编码对问题的解进行表示,第一层编码表示工件分配到的待加工企业;第二层编码表示在该企业中,机器上工件的加工顺序。在分布式作业车间调度问题中,大多使用关键企业中的关键路径来表示优化可行解的瓶颈,通过将关键企业中的加工工件调整到非关键企业进行加工,或改变关键路径上工序的加工顺序,最终达到优化目标函数的目的。

7.7 习题

1. 请简答作业车间调度与流水车间调度之间的区别。
2. 请简答柔性作业车间调度与可重入车间调度之间的区别。
3. 已知各机器上工件的加工顺序,请简要描述判断调度方案可行性的方法。
4. 试编程实现遗传算法求解作业车间调度问题。
5. 试编程实现遗传算法求解柔性作业车间调度问题。

参考文献

［1］ BARTHOLOMEW D J. Sequencing and scheduling: an introduction to the mathematics of the Job-Shop[J]. Journal of the Operational Research Society,1982,33(9): 862-862.

［2］ BALAS E. Machine sequencing via disjunctive graphs: an implicit enumeration algorithm[J]. Operations research,1969,17(6): 941-957.

［3］ SMITH W E. Various optimizers for single-stage production[J]. Naval Research Logistics Quarterly,2010,3(1-2): 59-66.

［4］ ISKANDER P W. A survey of scheduling rules[J]. Operations Research,1977,25(1): 45-61.

［5］ DESHMUKH S G,GOYAL S K,RAMBABU K,et al. An analysis of scheduling rules for FMS[J]. International Journal of Computer Integrated Manufacturing,1995,6(5): 21-26.

［6］ CHENG R,GEN M,TSUJIMURA Y. A tutorial survey of job-shop scheduling problems using genetic algorithms— I [J]. Representation. Computers & industrial engineering, 1996,30(4): 983-997.

［7］ CHENG R,GEN M,TSUJIMURA Y. A tutorial survey of job-shop scheduling problems using genetic algorithms, part II: hybrid genetic search strategies[J]. Computers & Industrial Engineering,1999,36(2): 343-364.

［8］ YAMADA T,NAKANO R. Job shop scheduling[J]. IEE control Engineering series,1997: 134-134.

［9］ LIN T L,HORNG S J,KAO T W,et al. An efficient job-shop scheduling algorithm based on particle swarm optimization[J]. Expert Systems with Applications,2010,37(3):

2629-2636.

[10] SHA D Y,HSU C Y. A hybrid particle swarm optimization for job shop scheduling problem
[J]. Computers & Industrial Engineering,2006,51(4):791-808.

[11] ZHANG J,HU X,TAN X,et al. Implementation of an ant colony optimization technique
for job shop scheduling problem[J]. Transactions of the Institute of Measurement and
Control,2006,28(1):93-108.

[12] HUANG K L,LIAO C J. Ant colony optimization combined with taboo search for the job
shop scheduling problem[J]. Computers & operations research,2008,35(4):1030-1046.

[13] ZHANG C Y,LI P G,RAO Y Q,et al. A very fast TS/SA algorithm for the job shop
scheduling problem[J]. Computers & Operations Research,2008,35(1):282-294.

[14] PENG B,LÜ Z,CHENG T C E. A tabu search/path relinking algorithm to solve the job
shop scheduling problem[J]. Computers & Operations Research,2015,53:154-164.

[15] GONÇALVES J F,RESENDE M G C. An extended Akers graphical method with a biased
random-key genetic algorithm for job-shop scheduling[J]. International Transactions in
Operational Research,2014,21(2):215-246.

[16] NOWICKI E,SMUTNICKI C. A fast taboo search algorithm for the job shop problem
[J]. Management science,1996,42(6):797-813.

[17] BALAS E,VAZACOPOULOS A. Guided local search with shifting bottleneck for job
shop scheduling[J]. Management science,1998,44(2):262-275.

[18] ZHANG C Y,LI P G,GUAN Z L,et al. A tabu search algorithm with a new neighborhood
structure for the job shop scheduling problem[J]. Computers & Operations Research,
2007,34(11):3229-3242.

[19] GEN M,TSUJIMURA Y,KUBOTA E. Solving job-shop scheduling problems by genetic
algorithm[C]//Proceedings of IEEE International Conference on Systems,Man and
Cybernetics. IEEE,1994,2:1577-1582.

[20] 张超勇.基于自然启发式算法的作业车间调度问题理论与应用研究[D].武汉:华中科技
大学,2006.

[21] FISHER H. Probabilistic learning combinations of local job-shop scheduling rules[J].
Industrial scheduling,1963:225-251.

[22] LAWRENCE S. Resouce constrained project scheduling:An experimental investigation of
heuristic scheduling techniques (Supplement)[M]. Graduate School of Industrial
Administration,Carnegie-Mellon University,1984.

[23] ADAMS J,BALAS E,ZAWACK D. The shifting bottleneck procedure for job shop
scheduling[J]. Management science,1988,34(3):391-401.

[24] ZHANG G,LIANG G,YANG S. An effective genetic algorithm for the flexible job-shop
scheduling problem[J]. Expert Systems with Applications,2011,38(4):3563-3573.

[25] Pan C H,Chen J S. Mixed binary integer programming formulations for the reentrant job
shop scheduling problem[J]. Computers & Operations Research,2005,32(5):1197-1212.

[26] CHAOUCH I,DRISS O B,GHEDIRA K. A modified ant colony optimization algorithm
for the distributed job shop scheduling problem[J]. Procedia Computer Science,2017,112:
296-305.